新一代调度技术支持系统关键技术及运维

国网浙江省电力有限公司 ◎ 编著

企业管理出版社
EMPH ENTERPRISE MANAGEMENT PUBLISHING HOUSE

图书在版编目（CIP）数据

新一代调度技术支持系统关键技术及运维 / 国网浙江省电力有限公司编著. -- 北京：企业管理出版社，2024.12

ISBN 978-7-5164-2934-1

Ⅰ. ①新…　Ⅱ. ①国…　Ⅲ. ①电力系统调度－技术手册　Ⅳ. ①TM73-62

中国国家版本馆CIP数据核字(2023)第184641号

书　　名： 新一代调度技术支持系统关键技术及运维

书　　号： ISBN 978-7-5164-2934-1

作　　者： 国网浙江省电力有限公司

责任编辑： 蒋舒娟

出版发行： 企业管理出版社

经　　销： 新华书店

地　　址： 北京市海淀区紫竹院南路17号　　**邮　　编：** 100048

网　　址： http://www.emph.cn　　**电子信箱：** 26814134@qq.com

电　　话： 编辑部（010）68701661　发行部（010）68417763　（010）68414644

印　　刷： 北京亿友数字印刷有限公司

版　　次： 2024年12月第1版

印　　次： 2024年12月第1次印刷

规　　格： 700毫米 × 1000毫米　1/16

印　　张： 16.25印张

字　　数： 213千字

定　　价： 88.00元

编 委 会

前言

调度技术支持系统是电力系统运行与控制的重要基础设施，实现了电力系统的数据处理、运行监视和分析控制，是电网安全、经济运行的神经中枢，已成为电网调度运行控制不可或缺的重要技术支撑手段。随着新型电力系统的构建，电网在规模、形态、业务等方面取得了跨越式发展，发生了颠覆性变革，电网调控运行在保障大电网安全、新能源充分消纳、现货市场运行和源网荷储协同控制等方面，对调度技术支撑提出了更高的要求。

为了适应新形势、新任务，近年来国网公司全面推进新一代调度技术支持系统建设，支撑大电网安全稳定运行、电力运行组织的优化提升。新一代调度技术支持系统以电网全面数字化为基础，应用“大云物移智链”等 ICT 先进技术，基于“物理分布、逻辑统一”的体系架构，促进电网调度的深度自动化、广泛智能化和全景可视化，全面构建自主可控的国产调度自动化装备，全面服务于“双高”电网一体化运行控制目标，有效支撑“绿色低碳、安全高效”能源体系运转。随着新一代调度技术支持系统建设工作的持续推进，为了让自动化专业人员更好地掌握系统架构及应用功能，提升运维能力，国网浙江省电力有限公司特编写《新一代调度技术支持系统关键技术及运维》。

本书以新一代调度技术支持系统平台和主要功能为主线，总结提炼典型应用场景和运维经验，共分为十六章。第一章介绍调度技术支持系统的基础概念；第二至第四章介绍系统架构、支撑平台及人机云终端；第五至第十二章介绍实时监控、自动控制、分析校核、清洁能源预测、计划市场、培训仿真、运行评估、调度管理八大类应用；第十三章介绍应用场景；第十四章介绍网络安全防护主要原则和技术要求；第十五章和第十六章介绍系统及平台运维相关内容。

本书由具有丰富现场运行经验的技术人员及丰富教学培训经验的专业培训师编写，在编写过程中，得到了公司系统相关单位及人员的大力支持，在此一并致以衷心的感谢！

由于新技术不断更新发展，加之编写时间仓促、编写人员水平有限，书中难免存在疏漏之处，恳请专家和广大读者批评指正。

编　者

2024年7月16日

目录

第一章

概 述

调度自动化系统作为电网安全、经济运行的神经中枢，实现了电力系统的数据处理、运行监视和分析控制，已成为电网运行控制不可或缺的重要技术支撑。本章主要探讨电力系统与调度自动化系统的联系、调度自动化系统的发展历程及新一代调度技术支持系统（简称“新一代系统”）的新特征。

第一节 电力系统与调度自动化系统

电力系统是一个涵盖发电、输电、变电、配电和用电的电能生产与消费体系，是将一次能源转换成电能并输送和分配到用户的统一整体，其最大的特点是电能的瞬时平衡和无法大量存储。发电厂将一次能源转化为电能，然后通过电网将电能输送和分配到电力用户的用电设备，从而完成电能从生产到使用的整个过程。电力系统还包括保障其安全可控运行的继电保护装置、安全自动装置、计量装置、调度自动化和电力通信等一系列相应的辅助系统。

调度自动化系统是电力系统运行与控制的重要基础设施，是集计算机、网络通信、自动控制、电力系统等多学科技术为一体的广域部署的工业控制系统。早期的自动化系统主要协助调度人员开展电网运行监视，随着技术的进步与业务的发展，目前，调度自动化系统已具备实时监控与预警、安全校核、调度计划、调度管理四大类应用，打通了发、输、变、配等环节，可全面支撑电网调度控制业务，成为电网安全优质经济运行不可或缺的技术支撑。

调度自动化系统主要由主站端系统、厂站端系统和数据传输通道三部分组成。主站端系统作为调度自动化系统的核心，它实现电力系统数据处理和分析控制，相当于人类的大脑，是电网安全、经济运行的神经中枢和调度指挥的司令部。厂站端系统构成了调度自动化系统的基础，实现电力系统数据采集和调度命令执行，相当于人类的眼耳和手足，是调度自动化系统可靠运行并发挥其功能的保证，早期厂站端功能相对简单，只有遥测、遥信和遥控功能，一般也称为厂站远动功能，后期发展为变电站综合自动化系统，主要增加了当地后台的监控功能。数据传输通道相当于人类的神经系统，负责把厂站端采集的遥测、遥信数据及时、准确地传送给调度控制中心的主站端系统，同时将主站端系统的遥控、遥调命令可靠地发送给厂站端。

第二节 调度自动化系统的发展

调度自动化系统始于20世纪70年代，随着电网规模的不断扩大和调控业务需求的增强，调度自动化系统持续发展并逐渐成熟。同时，调度自动化系统的升级换代与计算机、自动控制等基础技术的发展紧密相连。截至目前，我国调度自动化系统的发展经历了起步阶段、四大网引入、引进消化、全面自主研发、智能电网发展、能源互联网六个阶段，如表1-1所示。系统功能由最初的基础监视，逐步发展到监视控制，再到能量管理和能量市场管理，规模不断扩大，功能日益丰富和完善。

表1-1 调度自动化系统发展历程

阶段	典型型号	起始时间	特点
起步阶段	SD-176	20世纪70年代	• SCADA系统 • 仅有数据采集与监控功能
四大网引入	RD800、SD-6000	20世纪80年代	• 集中式EMS系统 • 数据采集与监控、自动发电控制、网络分析等功能
引进消化	OPEN2000、DF8002、TH2100	20世纪90年代	• 分布式EMS系统 • 数据采集与监控、自动发电控制、网络分析、调度员培训仿真等功能逐步成熟
全面自主研发	OPEN3000、CC2000、IEC600	2000年	• 标准化，采用IEC 61970标准 • 新增自动电压控制、广域动态监测、电能量计量、保护安控信息管理等应用功能

续表

阶段	典型型号	起始时间	特点
智能电网发展	D5000	2010年	• 全国产化 • 一个平台、四大类应用 • 智能告警、远程浏览 • 源端维护、全网共享
能源互联网	新一代	2021年	• 云平台、大数据、人工智能技术应用 • 两个平台、八大类应用 • 源网荷储协同、市场化支撑、清洁能源消纳

20世纪70年代，调度自动化系统起步并逐渐发展，基于中小规模集成电路计算机，具有数据采集与监控功能。国内最早的调度自动化系统SD-176于1978年在京津唐电网的中心调度所正式投入运行，接入了33个发电厂、变电站共465个模拟遥测量、346个开关状态量，以满足调度对电网安全监视与控制的需求。该系统的优势在于一机多用、节约资源投资，但是面临着第三方产品难以接入、不易扩展更新等问题。

随着计算机技术的进步和调度业务的发展，调度自动化系统从单机逐步演化成多机系统，具有数据采集与监控、自动发电控制、网络分析等功能，系统数据接入规模有显著提升，接入遥测量已超过1500个，实现了对发电厂机组的自动发电闭环控制，同时具备对电网正常和事故情况及时且准确做出控制决策的能力。典型的系统型号有SD-6000、RD800，由华北、东北、华东、华中四大区域电网率先引入使用。

20世纪90年代，调度自动化系统逐步向有限开放式结构转变，基于国外引进的自动化技术，进行了全面消化吸收和技术再创新，具有数据采集与监控、自动发电控制、网络分析、发电计划、电力市场等功能，系统结构从集中式转变为分布式，实现了全面数据采集、实时信息处理、快速电网分析、经济电网运行方式安排和调度运行的全面提升。典型的系统型号有OPEN2000、DF8002、TH2100。

2000年，在计算机和通信技术快速发展的背景下，调度自动化系统逐渐实现了国产化条件，遵循IEC 61970标准化设计，增加了自动电压控制、广域监测分析、保护与安控信息管理等功能，实现了国产系统为主的转变，从而提升了电网输电能力和电能质量。典型的系统型号有OPEN3000、CC2000、IEC600。

2010年，调度自动化系统全面实现了国产化，在统一支撑平台上形成了实时监控与预警、调度计划、安全校核、调度管理四大类应用，实现调控中心内部的横向集成和多级调控中心之间的纵向贯通。系统在调度流程性业务支撑能力上得到了显著提升，实现了模型数据的源端维护和全网共享，同时支持远程浏览、告警直传，系统使用对象从本地扩展到上下级调度机构人员，在各级调控中心得到广泛部署应用，为保障电网安全稳定运行发挥了重要作用。典型的系统型号是D5000。

2021年，随着“大云物移智链”等技术的蓬勃发展，调度自动化系统引入“互联网+”理念和云计算、大数据、人工智能等新技术，采用“物理分布、逻辑统一”的全新架构对大电网调控技术支撑体系进行重构，面向调控业务场景设计，重组再造应用功能，全面适应电网发展对调度控制技术支撑能力的新要求。

第三节　新一代系统特征

随着新型电力系统建设的推进，电网在整体规模、电源结构、网络形态、负荷组成等方面均发生了深刻变化，能源转型、市场化改革等各类电网业务正在经历跨越式发展，迫切需要加强和完善调度技术支撑手段建设，创新大电网安全管控、现货市场运行、新能源充分消纳和“源网荷储”协同控制的技术手段，从而提升电网调度的数字化、自动化和智能化水平。新一代系统建设为了适应电力系统不断发展的新需求，持续紧跟新型电力系统发展、电力市场化改革、能源互联网建设等新形势、新任务，通过打造坚实的系统底座，赋能电网调控业务，支撑新型电力系统和新型调度体系的构建。

在系统架构方面，新一代系统遵循“整体设计、分级部署、业务协同、生态共享”的统一设计理念，突破了传统调度自动化系统独立运行、就地使用的局限，实现了电网模型的统一同源、数据采集的快速全面、多级调度的高效协同，有力支撑全网信息综合应用、电网全局态势感知、快速精确分析和全网统一控制决策能力的进一步提升。

在平台支撑方面，新一代系统在D5000统一支撑平台的基础上，进一步拓展为运行控制和调控云双平台，解决了不同业务应用在“安全性与先进性”“稳定性与高效性”之间的平衡问题。其中，运行控制子平台是在D5000基础平台上的继承和延伸，引入分布式处理、并行计算、服务化等新技术，建立系统多活、应用并行、灵活扩展、高效运维的运行机制，具有高实时、高可靠的特征；调控云子平台是一个全新的平台，它扩展了云计算和数字化支撑能力，引入了“大云物移智链”等先进技术，通过对系统体系架构、平台支撑技术、数据组织模式和综合应用功能的提升、创新与发展，整体上实现了“全网模型、云端存储、按需服务”，解决了调控业务基础数据分级管理、海量数据集中共享的难题，是新技术先行先试和价值创造的核心载体，具有开放、共享、易扩展的特征。

在应用功能方面，新一代系统 以新型电力系统构建和电网运行控制业务需求为导向，秉承“继承+融合+创新”的技术路线，在保障大电网安全稳定、支撑电力市场运行组织、支撑清洁能源高效消纳、提升“源网荷储”调控能力、构建自主可控基础设施、提升系统智能化等方面，开展应用功能提升和特色场景建设。

在支撑特高压大电网的安全运行方面，新一代系统全面采集电网内外部的运行数据，精准评估电网运行风险，全过程跟踪并发布风险预警，辅助调度运行人员超前感知电网运行态势，将事后被动处理转变为事前主动防御，以预防大面积停电事故的发生；针对特高压直流等重大故障，智能感知故障设备及波及范围，向全系统自动推送故障告警及处置策略，协同全网多级调度联合开展故障处置，以提升重大故障处置效率，从而保障大电网安全可靠运行，守牢电网安全生产运行的“生命线”。

在提升电力市场化运营水平方面，新一代系统针对电力市场化改革的要求，开展现货及辅助服务市场申报管理、优化出清、信息发布、市场评估以及模拟推演等功能建设，横向上实现日前、实时及辅助服务市场的高效运行，纵向上实现省间、省内两级市场的高效协同，从而全面支持构建电力现货市场化运营体系，大幅提升电力运行组织效率，支撑电网运行从计划模式向市场模式的转变，支撑调度运行进入安全与经济并重的电力运行组织新模式。

在支撑清洁能源高效消纳方面，新一代系统针对未来大规模集中式新能源和分布式新能源并重发展的能源战略，基于一体化电网模型数据，全面分析水气煤风光等一次能源及负荷需求时空互补特性，发挥电网在资源优化配置中的平台作用，结合市场化调节手段，构建全周期滚动、跨区域统筹、发用电实体深入参与的电力电量平衡体系，从全网层面挖掘系统整体调节能力，实现调峰、备用、调频等各类资源的全局共享，从而全面提升清洁能源消纳能力，助力现代能源体系转型升级。

在提升“源网荷储”调控能力方面，新一代系统借鉴“互联网+”理念，构建了一个开放且共享的“源网荷储”协同调控平台，借助市场化手段发掘负荷侧资源需求弹性，引导负荷侧资源主动参与电网调峰，削减电网短时尖峰负荷，实现负荷资源的广泛接入、全景监视、市场出清和柔性调控，形成“源网荷储”互利共赢的能源生态圈，变“源随荷动”为“源网荷储”互动，从而全面提升“源网荷储”调控能力，支撑清洁能源的高效消纳和电网运行效率效益的提升，助力能源互联网企业的构建。

在构建自主可控基础设施方面，新一代系统全面应用国产服务器、国产网络设备、国产数据库、国产操作系统、北斗授时设备等全国产化基础软硬件，大力推进国产芯设备在电力监控领域的应用，构建其生态环境。通过实施边界安全防护、终端本体安全防护、业务系统监测和软件基本颗粒安全防护等多层次、多维度的安全防护措施，满足安全可信与业务系统高度融合的需求，从而提升网络安全整体防护能力。确保实现调度技术支持系统的完全自主可控和网络安全防护能力的整体提升，从而全面保障电力重大基础设施的本质安全。

在智能化水平提升方面，新一代系统融合“大云物移智链”等先进技术，构建“算力统筹、算法共享”的人工智能及大数据平台，为各类应用功能提供统一的数据和算法引擎；借助于大数据、深度学习、强化学习、知识图谱等技术，构建物理模型和运行数据双驱动的应用功能体系，实现应用功能从模型驱动向模型和数据双驱动的转变，从而全面提升应用功能的智能化水平。

第二章
系统架构

新一代系统遵循“整体设计、分级部署、业务协同、生态共享”的设计理念，按照“SCADA+云计算”的融合思路，构建运行控制和调控云双平台，采用模型、数据双轮驱动，拓展八大类应用建设，支撑四大子系统协同运转，聚合形成四大功能中心。本章从体系架构、网络架构、软件架构等方面介绍新一代系统的总体框架和构成。

第一节 体系架构

新一代系统由平台层、数据层与应用层三部分组成，体系架构如图2-1所示。在平台层，由运行控制子平台和调控云子平台组成支撑平台。在数据层，汇聚范围涵盖业务各环节、不同时态、各级调度的电网数据，包括模型数据、实时数据和运行数据，实现数据的汇聚和联接。在应用层，打造实时监控、自动控制、分析校核、培训仿真、清洁能源预测、计划市场、运行评估和调度管理八大类业务应用，构建能量管理、清洁能源预测、计划市场、调度管理四大子系统，按照大型复杂软件开发高内聚、低耦合的技术要求，聚合形成模型管理、实时监控、分析决策、数智应用四大功能中心。

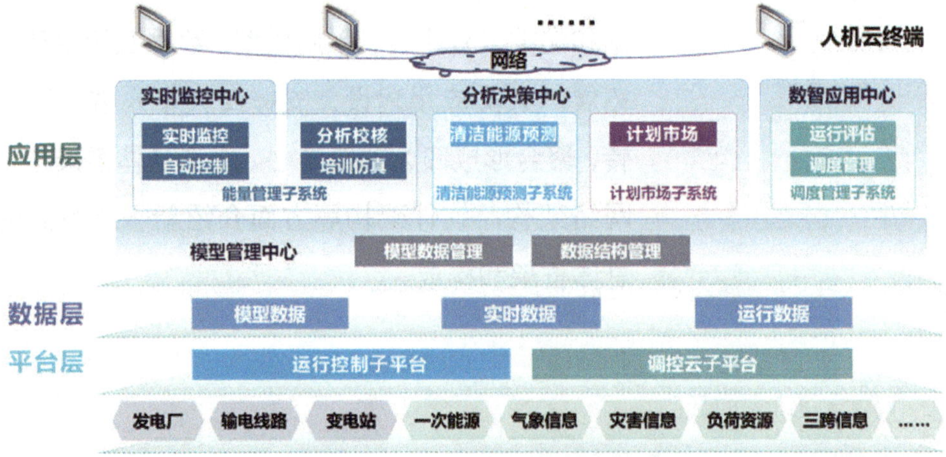

图2-1 新一代系统总体架构

新一代系统采用本地部署与云端部署相结合的方式。对于实时监控、自动控制、清洁能源调度等主要服务本级调度运行、实时性要求高的应用，采用本地部署方式。对于分析校核、培训仿真、计划市场、运行评估、调度管理等涉及多级调度协同的应用，综合考虑业务耦合、数据共享、个性化需求等因素，统筹采用云端部署或本地部署方式。通过独立部署的人机云终端，可以灵活访问主备系统，从而实现对主备调三场所的业务支撑。

第二节　网络架构

根据业务部署的特点，并结合纵深防御的理念，新一代系统的整体网络架构分为数据采集网、业务处理网和人机交互网。网络架构如图2-2所示。

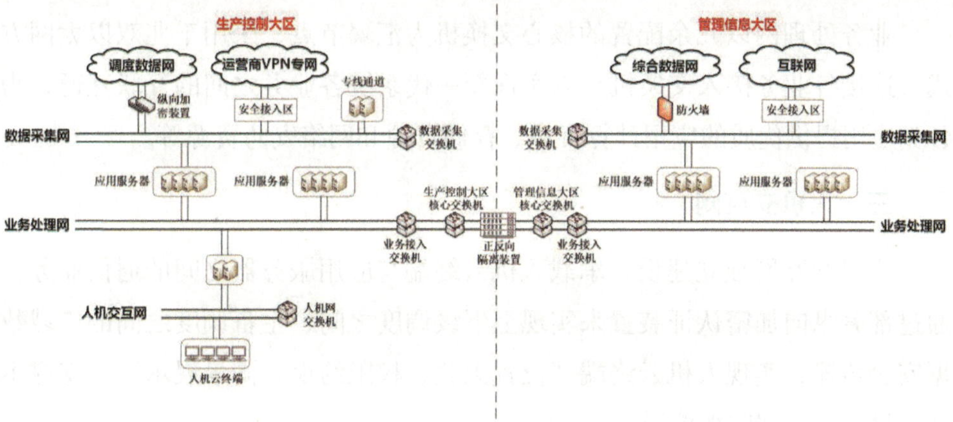

图2-2　新一代系统网络架构

一、数据采集网

数据采集网与电力调度数据网、专线网络以及调度安全接入区等联通，通常采用千兆双以太网方式，与常规厂站、公司其他系统以及互联网外部系统（包括分布式电源、环境信息等）进行数据通信与传输，实现数据采集和信息交互。

1. 调度数据网

变电站（换流站）、发电厂、储能电站等厂站监控系统，集控站系统以及满足网络覆盖条件的业务系统通过电力调度数据网接入生产控制大区。

2. 专线通道

部分电厂、用户站不具备网络覆盖条件的远动业务通过专线通道接入数据采集网。

3. 调度安全接入区

外部气象信息、分布式光伏、大用户、车联网以及第三方独立主体（虚拟电厂）等调度数据网未覆盖到的外部业务系统通过公司其他数据网或互联网VPN，经调度安全接入区接入新一代系统。生产控制大区与安全接入区纵向边界部署横向物理隔离装置，安全接入区采集服务器与配电、负荷控制、光伏采集等终端边界部署纵向加密认证装置。

二、业务处理网

业务处理网以冗余配置的核心交换机为汇聚节点，采用千兆双以太网方式，连接各业务接入交换机，以实现新一代系统各业务之间的互联互通，为各类应用提供优质的应用计算资源、存储资源和网络安防资源等。

三、人机交互网

人机交互网独立建设，承载人机云终端与应用服务器之间的通信业务，通过部署纵向加密认证装置来实现上下级调度之间、主备调度之间的广域数据安全传输，实现人机云终端“位置无关、权限约束、同景展示”，支撑本地、异地无差别监视控制。

第三节　软件架构

新一代系统软件架构主要由基础软件、平台软件和应用软件三部分组成。基础软件主要包括操作系统、关系型数据库等。平台软件由运行控制和调控云双平台构成，主要包括平台管理、通信总线、基础服务等功能模块。应用软件主要包括实时监控、自动控制、分析校核、培训仿真、计划市场、清洁能源调度、运行评估、调度管理、大数据与人工智能等。

新一代系统支撑平台由运行控制平台和调控云平台组成，为整个系统的集成和高效可靠运行提供高可靠性、高度集成、自主可控的技术支撑，有效支撑实时监控、自动控制、分析校核等八大类应用一体化集成和统一浏览。其中，运行控制平台满足高实时性的技术要求，支持千万级实时数据处理和万级广域服务并发，主要支撑实时监控和自动控制业务；调控云平台满足生态开放、资源扩展和敏捷研发等技术要求，拓展多级调度（纵向）和多专业（横向）业务协同能力，主要支撑分析决策、调度管理以及大数据分析等业务。

实时监控类应用为电网实时调度业务提供技术支撑，通过对“源网荷储”各环节、气象环境等内外部数据进行全面采集处理，建立面向各类业务的场景化监视体系，实现一次设备、二次设备、负荷资源、一次能源、气象环境等各类对象的一体化全景监视和综合告警，从而提升电网运行实时感知和故障处置能力。

自动控制类应用为电网实时调度自动控制业务提供技术支撑，同时为构建国网省地多级协同控制体系、全网可调节资源统一优化控制提供支撑。基于传统常规机组与新能源、储能、可调节负荷等新型资源的协同控制，实现了对电网频率、电压和潮流的优化自动控制，增强电网实时调节能力。

分析校核类应用为电网运行分析业务提供技术支撑，同时为电网运行态势快速准确在线评估提供支撑，实现全局统一计算、结果按需共享，实现设备级、断面级、电网级等多类型应用场景灵活构建，为调度运行提供辅助决策，提升电网预警、预判、预控能力。

培训仿真类应用为电网调控运行过程仿真模拟、运行推演业务提供技术支撑，通过电力系统仿真模拟，提供教员控制与培训评估功能，为调度人员提供正常操作、事故处理、系统恢复及其他调度业务的培训环境，支撑开展电网联合反事故演习。

计划市场类应用为电网生产组织业务提供技术支撑，支持市场信息披露与电力监管，实现“两级市场、三级调度”高效协同运作；融入全网一次、二次能源信息，构建国、网、省发输电及检修计划一体化优化决策功能体系，实现全网电力电量统筹平衡、检修安排统筹优化；通过全网一体化安全校核和越限校正，可以提升安全风险预控能力。

清洁能源预测类应用为水电、新能源发电、抽蓄、新型储能相关的调度运行业务提供技术支撑，以水电来水预测、水库及流域水雨情、新能源发电预测、相关电站运行情况与设备状态等数据为基础，以电网、电站、水库、防洪和综合利用安全要求为边界，根据电力安全保供与清洁能源消纳的需求，编制水电、新能源、抽蓄、新型储能调度方案。

运行评估类应用为电网调控的运行指标分析、策略优化业务提供技术支撑，以电网模型和运行数据为基础，构建电网运行评估指标体系，及时掌握电网总体态势，提高设备运行效率，指导电网运行，支撑清洁能源消纳；对电网历史运行情况进行客观量化评价，对典型电网调度业务进行深度挖掘与评估，指导电网运行持续优化。

调度管理类应用为调度计划、检修、运行流程管理和专业管理等业务提供技术支撑，支撑调度生产组织业务的规范化、流程化管理，不仅实现多级调度及厂站间的业务协同一体化管理和调度机构内部综合技术管理，而且实现调度机构与外部系统的信息共享与业务协同。

大数据与人工智能类应用为电网数据价值挖掘、电网业务智能化开展提供技术支撑。大数据分析运用大数据处理、数据建模、机器学习等技术，对调控业务数据进行全方位评估及深度价值挖掘；人工智能运用自然语言处理、机器学习、强化学习等技术，赋能调控业务，助力电网调度业务由经验型向智能型转化。

根据功能软件的部署需求和分区原则，实时监控类、自动控制类应用应在生产控制大区部署；运行评估类、调度管理类应用应在管理信息大区部署；分析校核类、培训仿真类、计划市场类、清洁能源调度类应用可在生产控制大区和管理信息大区部署；大数据与人工智能宜在管理信息大区部署。

第三章
支撑平台

新一代系统支撑平台（以下简称“平台”）作为系统基础，负责为各类应用的开发、运行、通信和资源管理提供通用的技术支撑，为整个系统的集成和高效可靠运行提供保障。

平台采用“云大物移智”先进成熟技术，通过高速通信、移动互联等通信方式和语音、图像等交互技术，构建数据管理、通信总线、双活/多活管理和分布式计算、大数据挖掘分析、人工智能引擎等公共组件，为实时监控中心、模型管理中心和分析决策中心等应用提供统一规范的基础服务、数据服务和人机交互服务，打造可靠安全高效的系统运行环境，以及标准开放的多业务、多场景开发生态。

第一节　平台概述

新一代系统支撑平台由运行控制子平台和调控云子平台两部分组成。

运行控制子平台与调控云子平台共同为实时监控、自动控制、分析校核、计划市场、清洁能源预测、培训仿真、运行评估、调度管理八大类应用提供支撑，进而打造可靠安全高效的系统运行环境，以及标准开放的多业务、多场景开发生态。支撑平台与八大类应用的数据逻辑关系如图3-1所示。

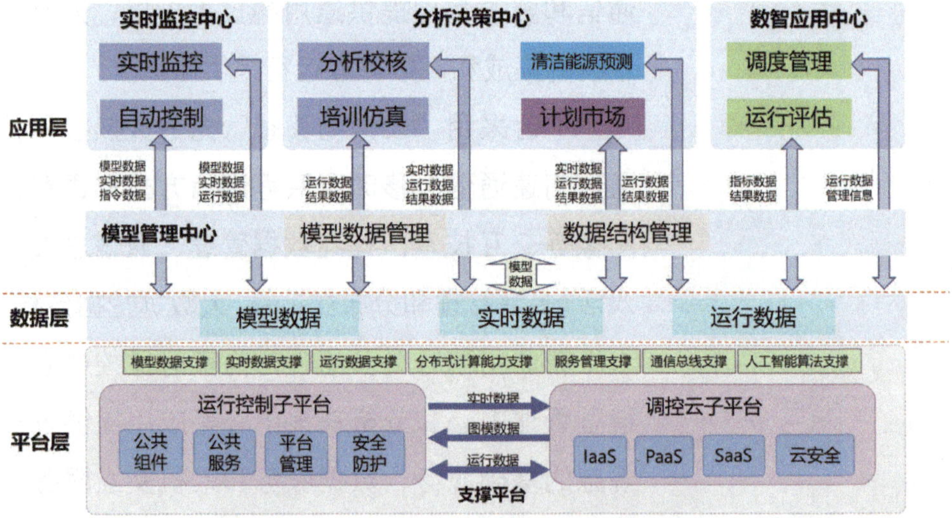

图3-1　平台与八大类应用的数据逻辑关系

第二节 运行控制子平台

运行控制子平台提供包括数据存储管理、通信总线、HA集群管理、计算引擎、基础服务、数据服务、人机交互服务、平台管理等在内功能模块，为本地部署和云端部署的各类应用提供统一规范的基础服务、数据服务和人机交互服务，构建可靠安全高效的系统运行环境。

新一代系统的数据主要存储在分布式实时数据库、关系数据库、时间序列数据库、分布式文件系统、列式存储数据库中，为新一代系统提供大容量、高可靠的存储能力，通过高效、易用的数据访问手段来支撑各类电网监控和分析业务。

通信总线由局域/广域消息总线和局域/广域服务总线组成，为新一代系统应用程序提供横向集成、纵向贯通的数据交互服务，在支撑电网调度控制系统内部信息共享和业务协同的同时，还有效支撑新一代系统的广域数据通信，从而实现调度机构数据交互。

HA集群管理负责分布式任务的管理，确保同一实例的主任务和备任务不在同一个节点运行，当主任务出现故障时，备任务切换为主任务，反之同理。HA集群管理主要提供任务管理、负载均衡、故障冗余管理和任务展示功能。

计算引擎是一个在计算机集群上分布式处理大量数据集的软件框架，它支持新一代系统应用业务的大规模并行计算，主要包括批量计算引擎、流式计算引擎、图计算、消息传递并行计算和共享内存并行计算。

基础服务是支撑平台为应用开发和集成而提供的一系列通用服务，主要提供日志服务、智能搜索服务、语音交互服务等十余项服务内容，能够实现服务的创建、注册、上线以及服务查询和定位功能。

数据服务是指在模型数据服务、实时数据服务和运行数据服务三个方面，提供面向业务的数据组织方式和访问功能，从而完成模型数据、实时数据和运行数据的标准化发布。

人机交互服务是支撑平台为人机云终端提供的一系列通用服务，提供画面文件服务、数据刷新服务、操作控制服务、身份鉴别服务、语音识别服务等功能。

平台管理是新一代系统平台资源、服务和应用的统一管理组件，使服务器之间能够更方便地交换信息，主要提供资源管理、运行环境管理、任务调度、服务管理、权限管理、日志管理、告警管理、应用商店等功能。

第三节　调控云子平台

调控云子平台由SaaS平台层、PaaS平台层和IaaS平台层三部分组成，采用开源软件和自研软件相结合的方式，具有开放、共享、易扩展的特征，主要为电力调控业务提供相关云服务。

IaaS平台层由计算资源池、存储资源池、网络资源池和云资源管理组成，主要提供各种实体资源的抽象与转换、数据存储、虚拟机之间以及虚拟机和外部网络之间的通信等服务，具备资源管理、自动化运维、权限管理、监控管理、告警管理、拓扑管理、日志管理、服务管理等功能，同时可以实现用户网络访问流量负载分担和自动切换。

PaaS平台层由模型数据平台、实时数据平台、运行数据平台、大数据平台和人工智能引擎组成，主要提供电网模型数据、历史运行数据、实时监控数据、电网管理数据等调控数据的管理服务，并为应用开发人员提供公共资源管理服务等。

SaaS平台层包含查询统计、分析校核、培训仿真、运行评估、调度管理等应用，具备各类数据可视化查询、电网运行情况全局分析与校核、新能源的准确预测、电网历史运行情况的量化评价、典型调度业务的挖掘评估、电网调控运行过程的仿真模拟和运行推演等功能。

第四节　双平台交互

调控云子平台与运行控制子平台之间的交互数据主要包括图模数据、实时数据、运行数据以及用户数据。

图模数据主要包括厂站图、潮流图、一次设备模型、二次设备模型等，调控云子平台与运行控制子平台间通过跨安全区文件传输功能，实现数据加密传输，从而完成图形数据和模型数据交互。

实时数据包括一次设备量测、计算量等，主要通过调控云子平台的实时数据服务实现调控云子平台与运行控制子平台的交互，从而完成系统间实时数据的交互。

运行数据主要包括量测数据、告警数据、电量数据和计划预测数据等，通过控制子平台抽取与发送源端数据，调控云子平台汇集、接收并统一存储源端数据。

用户数据交互主要包括调控云子平台向运行控制子平台同步、校验用户账号和凭证数据，在运行控制子平台对用户账号进行角色授权、登录访问等操作。

第四章 人机云终端

人机云终端作为新一代系统的重要组成部分，为电网的监视、分析、控制、计划和管理等提供了友好的人机交互体验。人机云终端由人机云终端桌面、人机云终端设计器和人机云终端浏览器三部分组成。人机云终端通过运用交互协议从人机交互服务获取数据信息，并通过解析将结果信息展示在显示终端上，为用户提供良好的人机交互体验。

第一节　概述

人机云终端包含人机云终端桌面、人机云终端设计器、人机云终端浏览器三大功能模块，用户可以依托这三大模块，在信息安全约束与权限控制范围内，基于调度数据网获取全网一致的基础模型、实时运行工况、分析决策结果、统计数据等信息，其层次架构如图4-1所示。

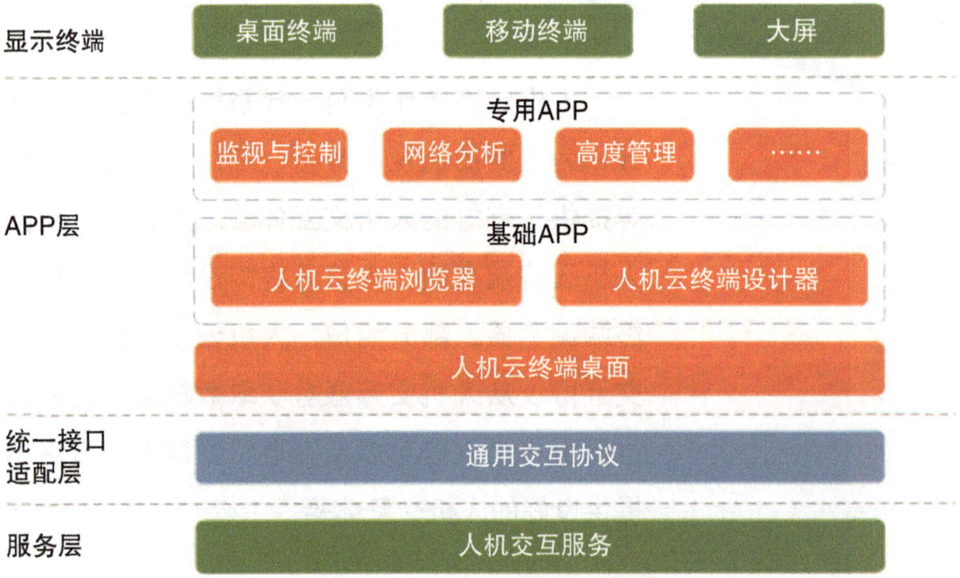

图4-1　人机云终端层次架构

第二节　人机云终端桌面

人机云终端桌面作为人机交互的入口和APP运行的载体，通过支撑平台的身份鉴别等服务实现在平台中的安全接入，从而满足访问控制、APP管理、APP展示、APP运行、APP商店等功能要求，如图4-2所示。

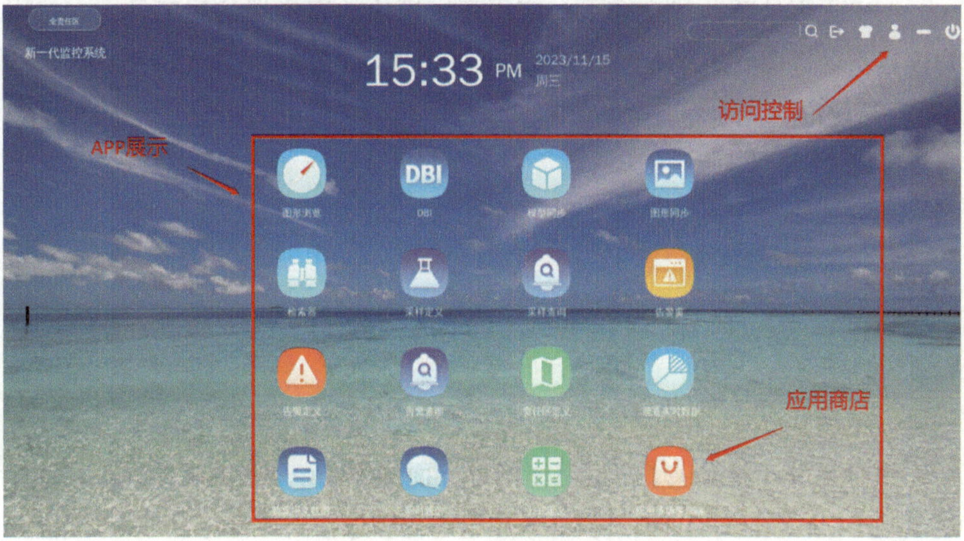

图4-2　人机云终端桌面

访问控制是根据用户身份及其所属权限来限制用户对某些信息项的访问。登录桌面时，通过用户名/密码、指纹识别、人脸识别等方式对用户身份进行识别，与新一代平台权限服务进行协同验证进行登录，同时记录用户、登录时间等。

APP管理允许用户在云终端桌面上对APP进行添加、删除、更新等操作，通过界面可以便捷维护工作桌面的功能。云终端桌面的应用商店工具允许用户安装APP，并进行版本管理，以确保APP始终为最新版本。

APP展示主要是一个交互操作的界面，根据用户不同显示其下载安装的APP，实现对APP的浏览与操作，同时提供桌面样式调整功能并保存调整结果。APP展示可以根据当前登录用户的权限在云终端桌面上显示相应的APP列表，登录用户只能看到自己安装的APP，桌面的背景样式可以进行个人设置，重新登录后显示个人设置后的背景样式。利用云终端桌面的本地搜索功能，用户可以快速找到已下载的APP，从而实现快速定位。

APP运行能够在云终端桌面上启动，用户只需点击桌面上的APP图标，即可运行APP内指定的某个进程或显示某个CIM/G画面。

APP商店是新一代支撑平台应用商店模块的客户端访问工具，支持用户连接平台应用商店服务，进行云端APP的搜索与访问，并允许用户对这些APP进行评价。

第三节　人机云终端设计器

组态化设计器提供了一套基于图形界面的CIM/G文件生成工具，有效促进了基于CIM/G的APP页面开发。采用组态化思想，支持对符合CIM/G规范及扩展规范的元素进行坐标、外观、事件等属性编辑；利用面向电力的脚本语言，实现事件处理、数据读写、界面控制等多种自定义逻辑。通过人机云终端设计器，各应用可较为快速地实现其APP页面的开发，满足应用界面快速开发的需要。

通用编辑器画面基于CIM/G的画面文件，提供基础的、共性的组件编辑和场景绘制功能，支持文件、组件、图层、系统选择等多项基本功能，满足在同一人机云终端设计器维护不同系统画面的需要，同时记录用户在编辑画面过程中的操作信息，支持对画面关键编辑操作进行追溯。

GUI组件组态主要用于提供常用UI控制类组件及可视化图表类组件，并通过对组件属性的定制化设置及组件关联脚本的响应设置，实现画面文件多元化的显示效果。GUI组件组态主要功能是常见GUI组件的组态化定制及编辑，为不同GUI组件关联脚本响应事件，通过脚本调用不同的GUI组件。

人机脚本编辑主要用于控制组件之间联动与交互，脚本的引入有利于组件业务逻辑的二次开发，便于在不同维度和不同应用环境下对组件进行布局、控制与交互，实现组件的灵活配置。

第四节　人机云终端浏览器

图形浏览器作为系统中最常用的工具，负责整个系统的界面浏览和操作，主要展示编辑器绘制的系统界面图，反映实时数据及设备状态、场景变化，支持人机交互和应用支撑功能。

图形浏览器界面如图4-3所示。地址栏主要功能包括显示登录头像框、前一幅图形、刷新页面、主画面、系统中心切换下拉框、地址输入框及语音等。工具栏主要功能包括收藏夹、拓扑着色、显示有功、导航图、水印、画面缩放大小及画面文字大小等。状态栏主要功能包括版本、开图耗时等常规图形提示功能。侧边工具栏主要功能包括编辑器、快照、图层、管理工具、进入历史状态和显示导航栏等。

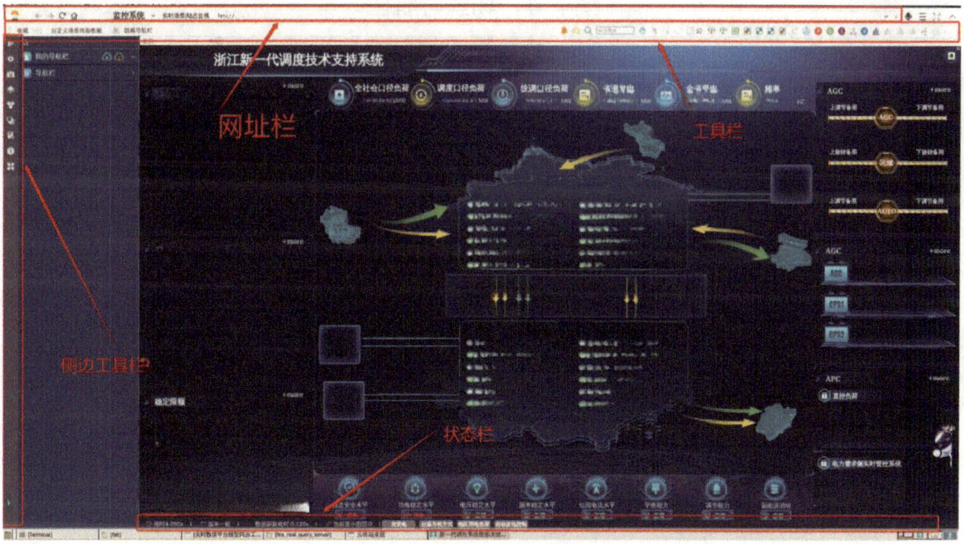

图4-3　图形浏览器界面

人机云终端浏览器提供导航栏显示功能，作为用户快速访问场景页面的入口，极大地提升了操作的便捷性，如图4-4所示。导航栏菜单分为三个区域，分别是方便用户快速定位菜单的快速搜索区域、用户预先设置或临时收藏的用户自定义区域和完整导航栏区域。

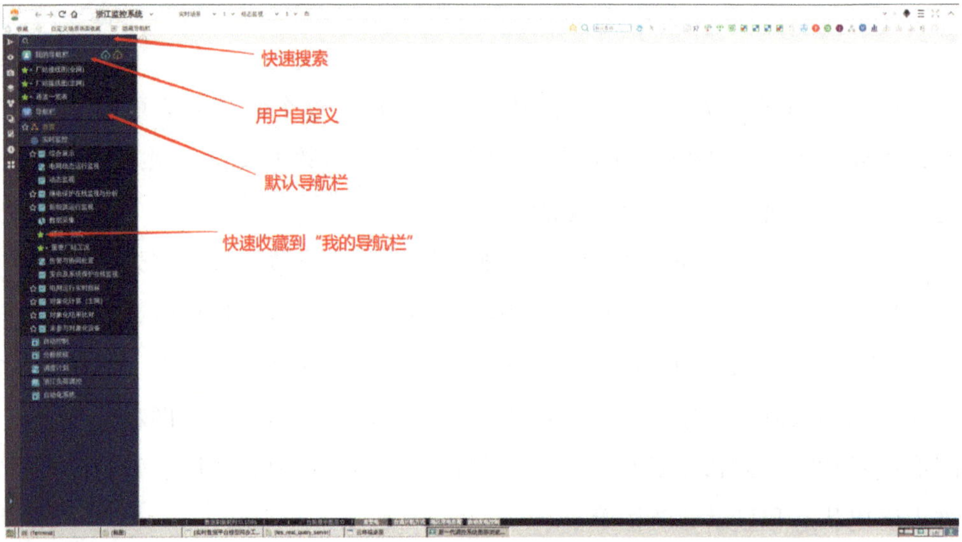

图4-4　场景导航栏

人机云终端浏览器不仅可以展示画面中的音频、视频、WEB组件和GIF动画多媒体组件等，也可以通过三维柱状图、三维曲线等三维图元来直观展示电网信息。人机云终端浏览器支持通过语音识别、触摸式操作等新型人机交互方式打开厂站单线图画面、拖拽画面显示区域和画面缩放等画面控制操作。

第五章
实时监控

实时监控类应用通过对电力系统稳态运行状态、动态运行状态的监视，以及对稳态、动态、二次设备等实时信息的综合利用，为保证电网安全稳定经济运行提供了更加全面和完善的监视手段。实时监控类应用涵盖了数据采集、电网稳态运行监视、电网动态运行监视、安自及系统保护在线监视、新能源监视、可调节负荷监视、操作与控制、智能告警、故障协同处置、电网运行综合监视、主配协同调控等方面。实时监控类应用提供了可视化的工具和手段，使调度员能直观了解和整体掌握电网实时运行信息，快速发现电网运行状态的变化。

第一节 概述

实时监控类应用依托于支撑平台，通过模型管理中心获取必要的模型数据，对电网一次和二次设备、负荷侧资源、外部气象环境等电网运行监视各要素数据进行采集处理，实现对电网运行状态的全景监视，其功能覆盖数据采集、实时数据处理与监视、操作与控制、智能告警及故障协同处置等方面。其中，数据采集应用向数据处理与监视各应用发送采集的基础数据，并接收各应用控制指令；数据处理与监视各应用向智能告警应用发送告警信息，向协同处置应用发送预案数据及协同信息；操作控制应用从数据处理与监视应用接收实时数据，并向各应用发送控制指令。实时监控类应用总体架构如图5-1所示。

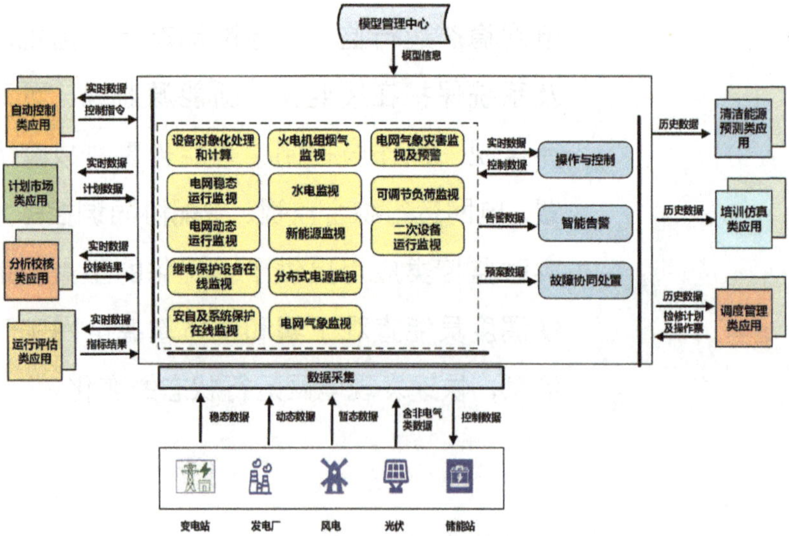

图5-1 实时监控类应用总体架构

第二节 数据采集

数据采集包括稳态数据采集、动态数据采集、暂态数据采集、非电气量数据采集、通道链路管理、多源数据采集。

一、稳态数据采集

稳态数据采集涉及断路器、隔离开关、接地刀闸、保护硬接点和软压板状态、AGC和AVC状态信号、一次调频状态信号等状态量，一次设备（如线路、变压器、母线、发电机等）及发电机机端电压等相关模拟量、应用下发的控制命令和告警直传。稳态数据采集主要采用GB/T 33602—2017、DL/T 634.5101、DL/T 634.5104、DL/T 476等通信协议。

二、动态数据采集

动态数据采集包含带时标的三相电压相量、三相电流相量等相量，带时标的有功、无功、频率等模拟量，带时标的开关状态等状态量和带时标的谐波、间谐波等宽频数据。动态数据采集主要采用GB/T 26865.2—2011通信协议。

三、安控数据采集

安控数据采集涉及稳控装置的定值、压板状态（含出口压板）等装置信息，稳控装置的线路、主变等设备电气量（频率、有功、无功）、定制断面功率、可切负荷量/机组量等运行方式、元件投停等电网运行数据，稳控装置的异常告警、动作信息等告警信息及精准切负荷装置采集信息。安控数据采集主要采用GB/T 33602—2017、GB/T 14598.24—2017、DL/T 476、DL/T

634.5104、DL/T 667、Q/GDW 11068—2013等通信协议和数据文件标准，精准切负荷数据接入支持E格式等文本文件。

四、新能源数据采集

新能源数据采集包括风电场采集和光伏发电站采集。风电场采集内容包含测风塔的风速、风向、气温、气压、湿度等信息，风电机组的容量、功率、低电压穿越功能投/退状态信号，风电场的当前升负荷速率和降负荷速率、最大和最小出力限值以及功率预测等信息。光伏发电站采集内容包含功率、容量，逆变器功率、运行状态，辐照度、电池板温度、环境温度、风速等信息的实时气象数据以及功率预测信息等。新能源数据采集主要采用DL/T 634.5101、DL/T 634.5104等通信协议。

五、可调节负荷资源数据采集

可调节负荷资源数据采集涉及营销需求侧响应平台、综合能源、充电桩、电动汽车公司和大用户负荷等。采集数据包含但不限于电压、电流、有功功率、无功功率、运行状态、维持时间、实际容量、不同响应级别的上/下调裕度、响应时间、计划值等。可调节负荷资源数据采集主要采用DL/T 634.5104等通信协议、Web服务以及E文件传输等。

第三节　数据处理与运行监视

一、电网稳态运行监视

1. 稳态数据处理

稳态数据处理包含模拟量处理、状态量处理、非实测数据处理、计划值处理、点多源数据处理、数据质量码、旁路代替、对端代替等。

模拟量处理功能实时处理前置上送的设备模拟量，包含线路、变压器、母线、发电机等一次设备的有功、无功、电流、电压、变压器挡位与温度以及电网频率等模拟量，具备数据合理性检查、零漂处理、数据跳变检查、人工设置、告警限值定义、限值越限检查等处理能力，并在模拟量异常时发出告警。

状态量处理对象涉及断路器位置、隔离开关位置、接地刀闸位置、保护硬接点状态以及远方控制投退信号、一次调频状态信号、设备监视信号等信号量在内的状态量，具备双位遥信可以状态判定、数据质量标识设置、信号过滤、三相不一致检测等处理能力，并在状态量异常时发出告警。

非实测数据处理对象针对那些前置未定义点号或通道号的数据，可通过人工输入或计算获得，并用质量码标注，具备与实测数据相同的数据处理功能。

计划值处理对象从现货市场类应用或外部系统中获取，包括实时、日内、日前计划。利用计划值管理界面，用户可以执行导入、查询、编辑、差值计算等操作，以实现计划值的实时监视和统计计算。

点多源数据处理是在数据采集之后进行的，可对非实测的测点配置多个不同的实测数据来源，在合理性校验并经选优判断后，最优的数据结果会被记录到实时数据库中。

数据质量码是衡量数据质量的关键指标，适用于所有模拟量和状态量。计算量的数据质量码通过相关计算元素的质量码获得。数据质量码包括未初始化数据、不合理数据、计算数据、非实测数据、采集中断数据、人工数据、坏数据、可疑数据、采集闭锁数据、控制闭锁数据、旁路代数据、对端代数据、不刷新数据、越限数据等类别，每种类别的质量码在画面上都有相应的颜色显示。

旁路代替指根据网络拓扑以旁路支路的量测值代替被代支路的量测值，

作为该点的最终值进行显示，并以数据质量码标示旁路代替状态。具备自动旁路代替方式，当检测满足旁路代替条件时，将自动执行数据替代操作；当替代条件不满足时，则自动解除旁路代替，恢复原数据值。

对端代替指当线路一端量测值无效时，以线路另一端的量测值代替，作为该点最终值进行显示，并以数据质量码标示对端代替状态。该功能支持自动和手动两种操作，当检测满足对端代替条件时，则自动替代相关量测，当替代条件不满足时，则自动取消对端代替，恢复原数据值。

2. 系统运行监视

（1）电网运行监视

新一代系统通过电网潮流图、总加曲线、供区潮流图等形式实现了电网运行监视，调度员可以通过全景监视画面全面了解和观测电网的核心运行信息和电网安全运行状态。

电网潮流图根据厂站、线路等模型及其连接关系自动生成。通过丰富的图元表征，在一张图中实现厂站母线、母联分段开关、主变运行情况的实时观测。结合潮流图的动态变化和特征颜色，直观展示了电网的潮流变化和越限情况。

对全社会负荷、统调口径负荷、全省受电等总加数据均可通过对象化模型和计算来实现，根据模型的动态变化自动计算。利用画面曲线直接展示或调阅曲线工具，可查看总加数据的实时和历史采样曲线，方便调度员快速掌握电网潮流趋势。

供区潮流图根据电源点位置、设备拓扑关系以及运行方式自动对全网设备进行拓扑搜索，如图5–2所示。同时，依托新一代设备供电分区动态识别技术，自动判断分区合解环状态和变化情况，及时更新分区潮流图。并在供区动态识别的基础上提供供区发用电统计数据，精准高效地辅助调度进行供区监视与分析，实现对电网重要运行事件的主动监测、智能提醒和处置引导。

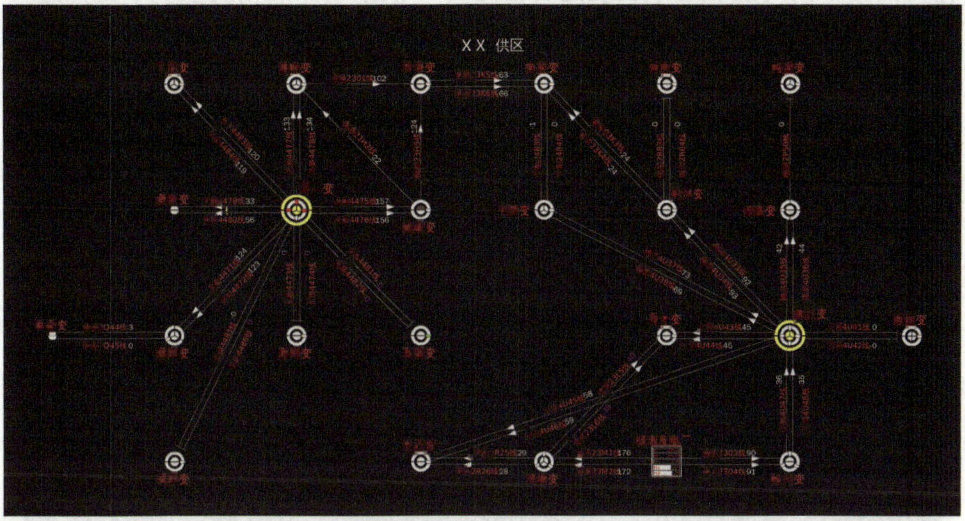

图5-2 供区潮流

（2）一次设备监视

新一代系统利用厂站一次接线图、机组负荷率等监视画面，全面满足对一次设备的监视需求。

厂站一次接线图实时展示厂站内的一次设备运行状态、关键测点、拓扑连接关系等。当电网设备发生变化时，厂站接线图上该设备会在图上闪烁，颜色在告警着色和正常着色之间切换。

机组负荷率专项监视画面根据不同的能源类型（如燃煤、燃气、水电、核电等）进行分类展示，以电厂为最小单元，展示该电厂的机组总有功、实时负荷率，以及日、月、年三个时间维度的平均负荷率统计值。

（3）输电断面监视

新一代系统构建了电子化稳定限额管理及监视体系，具备电子化限额建模、限额智能匹配及计算、智能监视等功能，通过适应电网多种运行方式的限额自动识别和智能计算，实现基于重要设备、跨区联络线等关键断面的主动预警及监视。限额信息列表可分类展示不同规则类型下的断面和限额信息，根据断面的重载越限程度进行排序（即根据断面的裕度值从小到大进行排序）。双击表中的某个断面，可以查看该断面的今日/昨日曲线、匹配到的限额信息，包括方式描述、条件描述、规则类型、关联设备实时状态等，如图5-3所示。

图5-3　稳定限额界面展示

（4）备用监视

备用监视按预定义的周期，依据机组实时出力和控制上下限，计算和监视电网所需的发电备用容量，备用不足时发出告警。有功备用侧重于电网实时负荷及变化趋势；无功备用侧重于电网实时电压及变化趋势。备用监视典型的响应时间包括5分钟、10分钟、30分钟等，考虑到不同发电类型，机组参与调节的响应能力不同，按照电源类型将系统备用分为燃煤、燃气、水电、抽蓄等备用容量并进行独立监视，便于调度员更精准地掌握系统备用情况，如图5-4所示。

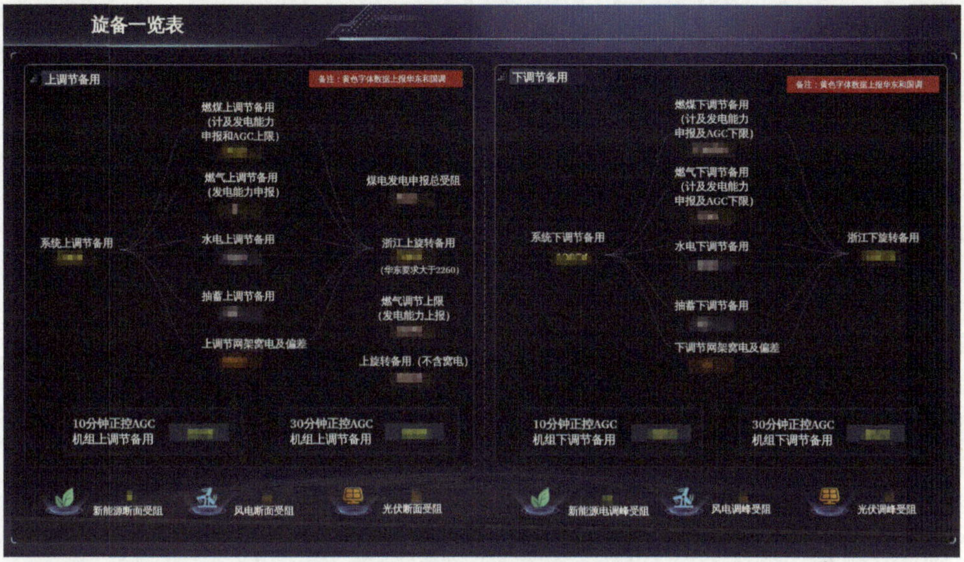

图5-4　旋备一览表界面展示

（5）拓扑着色

拓扑着色通过电网实时拓扑来识别系统中各种电气设备的带电、停电、接地等状态，并将结果在人机界面上用不同的颜色表示出来。通过图形浏览器上方的拓扑着色和正常着色按钮，在厂站接线图中可以实现设备图元的拓扑状态着色和正常着色显示切换。一旦电网运行状态发生改变，引起一部分电气设备带电状态变化，系统将自动启动拓扑着色，实时分析各元件的带电状态。同时，系统还会根据遥测遥信是否一致、线路两端功率是否平衡、有功/无功/电流是否匹配等规则，校验实时数据的正确性，辨识可疑量测。

3. 对象化处理和计算

（1）对象化建模

在对象化建模过程中，各类统计计算、采集数据都被整合到具体的一次或二次模型对象，以实现对诸如电网、厂站等容器类对象的统计信息内容和计算逻辑的统一，便于外部系统调阅获取所需数据。

（2）对象化计算

以计算模型对象化建模为基础，依据系统论的层次性原理和电网网络模型，通过设备所属厂站、厂站所属电网的模型关系，实现从设备到厂站、厂站到电网逐层计算，并逐层自动累加，从而完成设备、厂站、电网等对象的统计结果自动计算业务。电网常用发电类指标计算包括各发电类型的发电量、装机容量、开机容量、最大/最小技术出力等。受电类指标计算包括实时受电、受入/送出电力等。调节能力类指标计算包括各发电类型的调峰容量、一次调频容量、最大/最小可调出力等。备用能力类指标计算包括有功正旋备、有功负旋备等。发电站常用指标计算包括发电类、调节能力类、备用类。变电站常用指标计算包括有功负荷、无功负荷等。发电机组常用调节能力类指标计算包括一次调频备用容量、调峰容量、深调容量等。备用类指标计算包括旋转备用类、非旋转备用类。

（3）图形对象化和自动成图

实时监控中心的各类对象模型均源自调控云，所有对象都具有卡片调阅功能，使实时监视关心的信息得以集中展示，体现了对象封装的便捷性。对象卡片的设计因类型而异，以发电厂为例，其对象化计算卡片中展示了该发电厂的基本信息、检修信息、发电曲线以及管理类信息等数据，以满足调度员的使用需求。在潮流图画面中，点击“×××”发电厂，进入该发电厂一次接线图，右上方会根据模型中的关联关系自动生成所对应厂站的卡片对象。厂站卡片中“设备信息”按线路、绕组、母线等类别展示站内设备信息，以线路为例，可点击名称快速跳转“××××线”微卡片，集中展示该线路两端厂站、线路的长期与短期允许载流量以及当前温度匹配的载流量等信息。

自动成图提取用户绘图习惯，利用智能图形布局布线及正交技术，研制主干布局、联络布局算法，实现了电网图形的即时生成，达到“所需即所得”的效果，为系统应用提供图形支撑，主要包括近区潮流图、供区潮流图、结排图等图形的自动生成。

二、电网动态运行监视

1. 动态数据处理

动态数据处理涵盖实时数据处理、离线数据处理、数据计算、数据质量标识、相角参考点处理等。

实时数据处理对象包括线路、变压器、母线等一次设备的三相电压、电流相量以及有功、无功、频率等模拟量，同时支持宽频数据的处理。

离线数据处理主要对PMU采集存储的动态数据文件、录波数据文件进行解析。

数据计算涉及根据母线电压计算线路电压、根据线路电压计算母线电压、根据三相相量量测计算正序基波分量，以及对相角测量进行归算，以消除变压器接线方式产生的相角偏移。

动态数据通过数据质量码，反映数据的质量状况。进行在线电压计算时，线电压质量位将标注为相应的标志状态。

相角参考点处理支持人工或自动设置相角参考点、人工设置备用相角参考点，当主用相角参考点的量测异常时，会自动切换至备用相角参考点。

动态运行系统监视如图5-5所示。

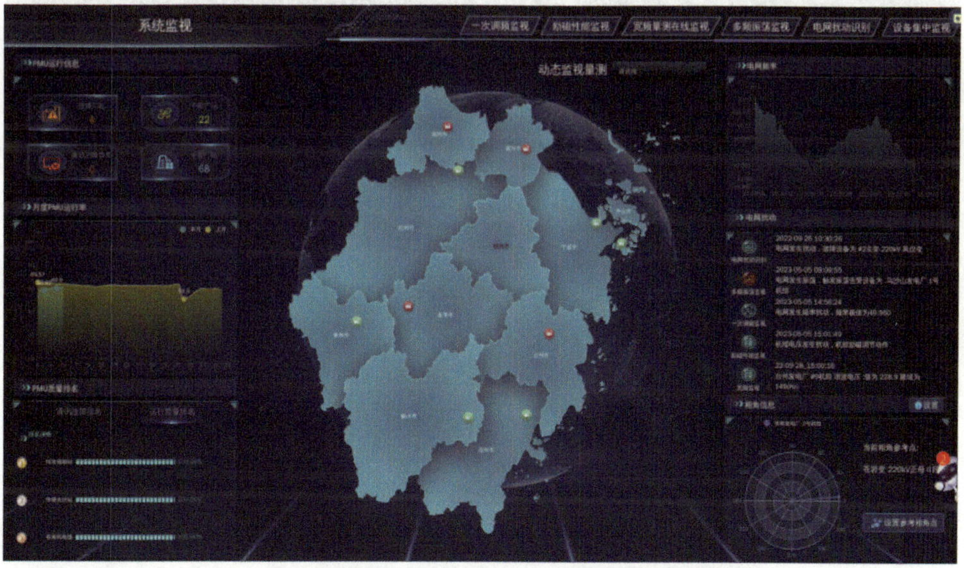

图5-5 动态运行系统监视

2. 系统运行监视

（1）系统监视

电网运行动态监视应用利用PMU量测数据，全面监视全网PMU设备运行情况及动态量测变化过程，主要包括PMU子站的实时运行信息、PMU的运行质量信息、可视化PMU厂站运行监视、电网频率动态监视、电网最新扰动信息、相角信息等。

（2）电网扰动识别

电网扰动识别通过提取PMU采集的实时动态数据的特征，与表征不同扰动类型的特征信息进行匹配，以确定电网实际发生的扰动并告警。系统可识别的扰动类型包括短路、非同期并列和非全相运行、跳机等，支持历史数据存储、查询以及事后计算功能。在电网扰动识别页面中，综合展示监视设备信息、扰动信息统计、电网最新扰动信息、故障厂站历史信息、故障设备历史信息及扰动识别参数设置，如图5-6所示。

图5-6　电网扰动识别监视

（3）机组一次调频性能监测

机组一次调频性能监测基于PMU实时量测数据，实时监视电网频率变化，在电网发生扰动时，监测与分析各机组一次调频动作情况，涵盖一次调频实测贡献电量、一次调频理论贡献电量、一次调频贡献率等监视内容，如图5-7所示。

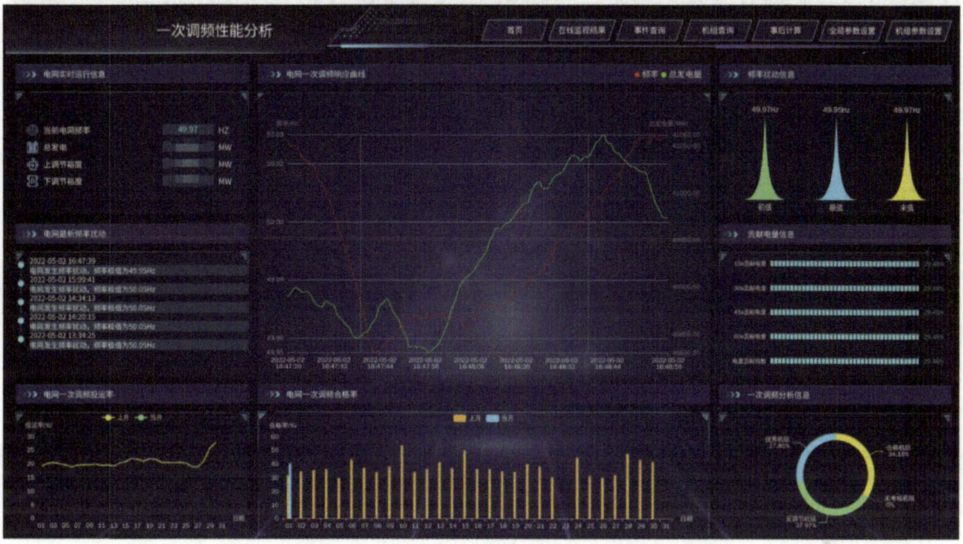

图5-7 一次调频性能分析页面

（4）励磁系统性能监视

机组励磁系统性能监视通过PMU装置上传的机组电压/电流、转速、功角、励磁电压/电流、PSS/AVR投退信号等参数，实时监测电网中各台机组及其励磁系统当前运行状态与数据质量，及时反映机组及励磁系统的实际运行情况的变化。对机端电压/电流，励磁电压/电流的变化情况进行重点监视，一旦机端电压/电流及励磁电压的变化超过设定扰动门槛限值，将自动监视和分析机组励磁系统在扰动过程中的动态行为特性，从而为励磁模型和参数的校核、励磁系统在线性能评价以及电网运行方式的研究等提供更为精确的数据参考，如图5-8所示。

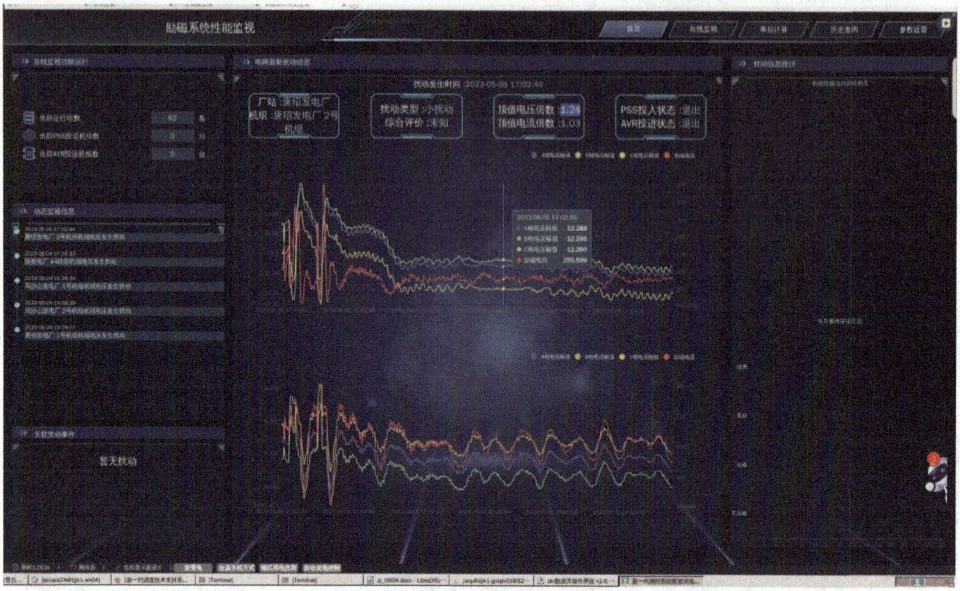

图5-8　励磁系统性能监视

（5）宽频量测在线监视

宽频量测在线监视能够实时获取谐波/间谐波分量、宽频振荡信息，监视电网动态变化过程，一旦检测到谐波/间谐波越限或宽频振荡，系统立即发出告警。通过对宽频量测数据进行挖掘，从时间维度对电网典型谐波/间谐波信息进行统计，对高峰、腰荷、低谷三个典型时段电网发生宽频扰动信息的统计分析，可以拓展电网感知和分析手段。在监视电网动态变化过程中，通过分析和统计全网2～50次各谐波分量，给出电网当前最大谐波分量，定位谐波分量最大的设备，帮助运行人员了解当前电网宽频特性。同时，设备层面展示当前电网关键的宽频量测信息，对设备的谐波电压电流含有率、主要含量、总畸变率等进行分析，按照畸变率大小进行结果排序，便于定位受谐波污染较严重的电网设备，如图5-9所示。

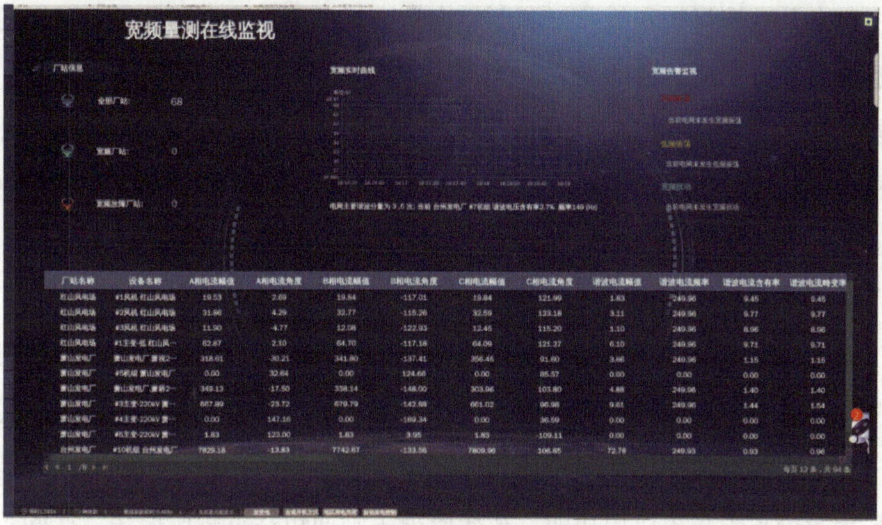

图5-9 宽频量测在线监视

三、安自及系统保护在线监视

1. 稳控系统在线监视

安自及系统保护在线监视实现了对安全稳定控制装置的统一监视与管理，能够实时监视安全稳定控制装置的运行状态、实际可控量等信息，同时提供历史信息的调阅管理功能，如图5-10所示。

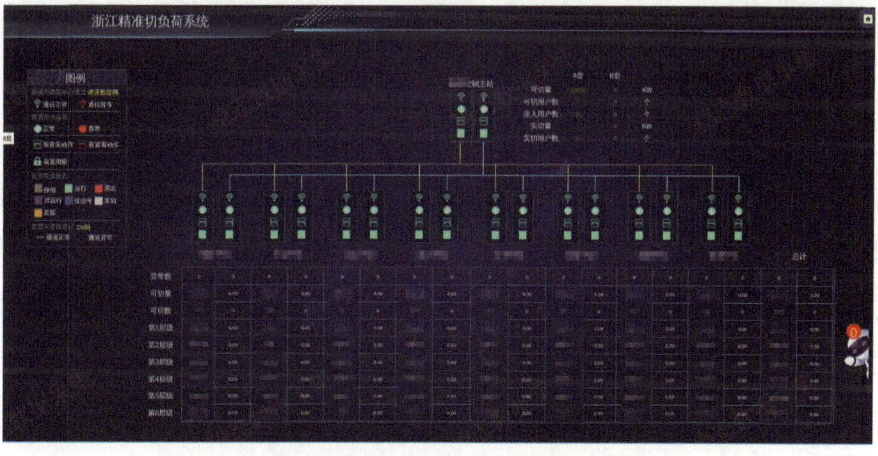

图5-10 安自及系统保护在线监视主画面

安自及系统保护在线监视画面包含精准切负荷系统全网监视、源网荷精切系统内各切负荷装置通道关系等模块，对大用户、燃机辅机、翻水站、储能电站各类负荷，各子站、各主站终端和可切负荷等信息进行综合统计，并集中展示切负荷装置运行状态、通道状态、装置闭锁情况等，有效提高了电网调度运行人员对装置信息的掌控能力，进而提高了电网安全稳定运行水平。

2. **第三道防线在线监视**

第三道防线集中管理系统整合了全省范围内的低频低压减载装置信息，调度主站系统收集装置运行状态、压板状态、定值信息、可控负荷等实时数据，并实现可控负荷量实时统计展示、辅助决策分析、通道状态监视、装置异常告警提示等高级应用功能。在线监视主画面包括宽频段振荡、次同步振荡、电压振荡等，部分页面如图5-11所示。

图5-11　宽频段振荡、电压振荡在线监视

宽频段振荡在线监视画面允许用户查看最近一次振荡事件，包括发生时间、振荡类型、持续时间等信息。次同步振荡在线监视画面允许用户查看最近一次发送的振荡信息，包括功率波动较大的发电机、交流线路、变压器等设备清单。电压振荡在线监视画面允许用户查看监视汇总信息，电压波动监视，实时电压曲线监视。通过第三道防线集中监视管理，确保了在严重故障情况下，大电网不发生系统崩溃、保持安全稳定运行，强调了加强电网第三道防线建设和管理的重要性。

四、新能源监视

1. 系统运行监视

新能源实时监视通过整合风电场及光伏电站的基本信息、运行数据、预测数据、故障及检修数据等，可以全面感知单机设备运行状态及新能源场站的分布和运行情况。同时，系统还对气象环境信息进行融合分析，为新能源调度运行提供全方位参考，从而有效保障电网安全、稳定运行。新能源监视主画面如图5-12所示。

图5-12　新能源监视主画面

2. 发电能力监视

在实时监视的基础上，从单机、场站等维度对新能源的运行特性、波动特性、出力分布、发电指标等进行深入的统计分析，以全面掌握新能源的发电潜力，并为系统运行人员掌握新能源发电趋势提供决策依据。

3. 风光资源监视

收集风电场及光伏电站的测风、测光数据，将气象环境信息与新能源场站进行关联，并通过玫瑰图、曲线图等可视化工具，全面呈现新能源场站的风光资源情况。此外，采集的测风测光数据还可为理论出力计算、功率预测修正等功能提供数据支撑。

五、可调节负荷监视

1. 负荷资源汇聚

汇聚省级和地方的负荷资源，建设全省统一的负荷资源库，实现“秒级、分钟级、小时级”负荷资源的分类、统计、展示，通过流程化手段对全省负荷资源进行统一维护和规范管理，实现各类负荷模型“源端管理、全网共享”。秒级可中断模块页面展示了全省秒级资源总有功、具体终端的功率以及各终端类型和分布地点。事故拉限电模块页面展示了事故拉限电各个轮次的可切负荷、可切负荷条数，以及各个地市的负荷数量和各种类型的负荷占比。

2. 负荷控制

通过扩展负荷聚合控制技术，可以有效支撑可调节负荷、虚拟电厂等海量新兴市场主体参与电网运行控制和电力精准保供。建设负荷分析决策中心，结合发电计划、受电计划、负荷和新能源预测，计算日前、日内、实时全省和局部发用电平衡情况，按照经济性、灵敏度等原则调用负荷资源，并将电力缺口和时段信息传递给营销需求侧平台，以实现负荷调度的精细化、柔性化、市场化和数字化。

第四节　操作与控制

一、常规设置操作

常规操作包括人工置数、封锁/解封锁、告警抑制及恢复、遥控闭锁/解闭锁、标志牌操作、操作统计等。

人工置数是通过人工输入的状态量、模拟值，经过有效性验证后，完成遥信、遥测对象的置位、置数。封锁/解封锁是对遥测、遥信的数值及状态进行封锁/解封锁，经封锁操作后，将保持在当前状态，且不随系统运行状态的变化而改变。告警抑制及恢复可根据单点（遥测、遥信）、设备、厂站等不同粒度进行操作，对于已被抑制的告警，需人工解除告警抑制，才能重新激活告警。遥控闭锁/解闭锁用于禁止所选对象的远方操作，对已遥控闭锁的设备，需解除遥控闭锁，才能按照正常流程实现被控设备的遥控操作。标志牌操作包含对设备、间隔、厂站、保护信号单点等对象进行操作牌的设置、删除、移动等操作，具备封锁数据、注释、抑制告警、控制闭锁等功能。操作统计对各类历史操作进行统计，并支持操作历史记录查询。

二、远方控制操作

远方控制与调节主要包括分合断路器和隔离开关、调节变压器分接头、投/切和调节无功补偿装置、直流系统解/闭锁和功率调整。

1. 分合断路器和隔离开关

对支持远方遥控的断路器、刀闸、地刀等设备，用户可以通过右击菜单登录进入遥控界面，并选择校核类型，如果校核未通过，则继续按钮保持灰显，不可进行遥控。如果校核通过，则点击“继续”，开始确认遥信名称，在输入框内输入正确的遥信名称，下发预置请求，子站收到站端预置反校指令后，下发执行指令，设备遥信变位后界面执行成功。否则继续等待，直到超时并提示执行失败。

2. 调节变压器分接头

通过变压器右键菜单用户可以登录进入调档操作界面，以“降档预置”为例，预置成功后，点击“降档执行”，弹窗显示“降档执行，请稍等”，降档执行成功时，弹窗显示“调档执行成功”。

3. 投/切和调节无功补偿装置

通过投/切和调节无功补偿装置，用户可对电容器、电抗器进行分合操作，同时对SVG、SVC设备的无功功率进行精细调节。选中需要调节的遥测量右键菜单登录进入设点遥调操作界面，在输入框内输入正确范围内的遥调值并确定，如果遥调成功，对应的遥调量则以红色着色。

三、一键顺控

一键顺控允许用户在人机云终端远程调阅变电站操作票，并按照操作票模拟预演及操作执行的功能，以实现线路、母线、变压器的运行转检修，运行转冷备用，冷备用转运行等设备的一键快速操作，主要包括调阅操作票、模拟预演、操作执行三个功能模块，必须按顺序执行这三个功能，如果任一功能模块出现异常则不能进行下一功能模块。

1. 操作票调阅

一键顺控基于变电站现场操作的典型票，通过调用变电站监控系统顺序控制功能模块实现，能够调阅变电站端顺序控制操作票，正确显示操作对象、操作步骤等操作票内容。如果变电站端操作票调阅不成功，将正确解析上送的错误原因并主动提示。

2. 模拟预演

变电站端上传各步骤预演结果以及操作票预演总结果，如果模拟预演操作失败，将自动闭锁执行操作流程，同时正确解析变电站端预演失败的错误原因并主动提示。只有所有操作步骤预演成功，且收到操作票预演总结果成功信息后，方可判断操作票模拟预演成功。

3. 操作执行

操作执行可以是单步或连续操作，当使用暂停功能时，在暂停时限内，可继续执行，否则将自动终止操作流程，并下发指令通知变电站端终止操作；遇到变电站端返回超时、通道短时间中断恢复等情况时，将启用操作指令的重发机制；如果重发次数超出阈值且仍未收到变电站返回信息，将终止操作流程并主动提示。在操作执行过程中，主动解析操作失败的步骤，并提示变电站端操作执行失败的原因，同时支持再次操作。

四、负荷批量控制

负荷批量控制是一种高效的批量负荷操作功能，通过序位选择、智能选线和控制执行，结合权限管理和多态执行，以确保控制操作安全执行，主要应用于有序用电时的负荷快速调节。支持控制序位的维护，调度员负责提供控制序位表，自动化人员则负责导入，当需要进行负荷调节时，则通过控制序位表顺序执行。支持上下级调度机构之间的协同控制，在控制过程中，上级调控机构根据控制目标负荷总量将其按地区分解并下发具体目标值；下级调控机构根据目标值启动执行负荷批量控制，并实时向上级反馈执行情况。

第五节　智能告警与协同处置

一、智能告警

综合智能告警能够自动感知电网故障，有效解决系统故障风险感知不足、处置效率不高的问题，为快速恢复用户供电和降低运行风险提供有力支撑。智能告警模块基于新人机界面，提供多主体可视化的图形展示告警功能，通过综合调度中心侧的各类告警信息，涵盖电网运行稳态监控、网络分析、电网运行动态监视、在线安全稳定分析预警、二次设备监视与分析等方面，从调度运行的角度进行统一分类和展示，结合可视化技术，实现告警关键信息突出、详细信息逐层展开、主次分明的展现特点。可视化故障告警界面集成了各类详细信息窗口化展示，如图5-13所示。

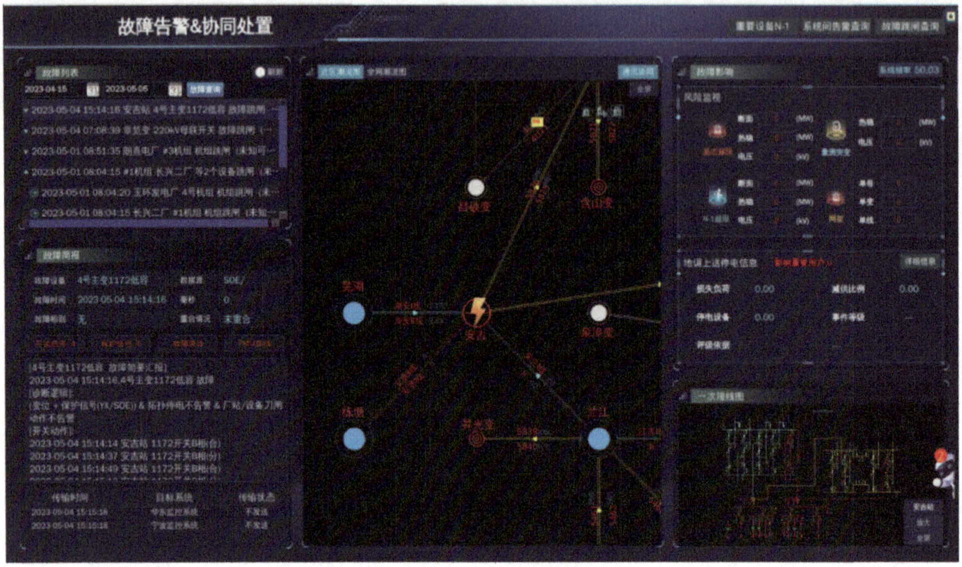

图5-13　综合智能告警首页

一旦故障发生，智能告警模块会立即将告警信息同步至告警窗和辅助工具，告警窗通过告警推图机制直接展示智能告警主画面。发生故障时，综合智能告警系统能够获取相关的PMU扰动曲线和保护录波文件，并在推图界面进行展示。故障列表界面展示了最近一段时间内发生故障的时间和涉及的设备，可通过双击选择某条故障记录，在故障简报中查看该故障的详细信息，包括当前故障发生的确切时间（精确到毫秒）、故障设备的名称、重合情况、故障相位，以及故障设备关联的厂站，以方便调度员快速掌握故障信息。

通过故障厂站图的缩放功能和故障设备近区潮流图自动生成功能，智能告警模块实现了画面多主题配置，提高了浏览效率和操作便捷性。

故障发生后，智能告警模块会调用自动成图服务，根据故障设备的ID自动生成故障近区潮流图，并且能够在潮流图上对故障点进行标记定位。智能告警主画面中关联了故障设备相关的厂站接线图，若是线路故障，则展示线路首末端的厂站接线图，可点击缩放按钮对厂站图放大或缩小，方便用户查阅。

二、协同处置

利用系统级告警分析结果，结合故障后全网运行关键信息，在多级调度同步推送电网故障协同处置画面，增强调度员在电网严重故障时对电网运行状态及运行风险的感知能力。此外，通过即时通信工具自动建群、语音操作、处置措施和事故预案在线匹配、全局共享等功能，实现故障处置策略在线协商、故障处置过程全网同步的故障处置手段，从而提高大电网安全管控能力和复杂故障的协同处置效率。

整合时间、空间、保护信号等规则库，提供系统级的故障告警信息，分析触发事件识别核心故障。在协同处置界面中，集成展示频率曲线、发用电平衡情况、负荷可调情况、AGC机组备用信息等电网关键信息，以及实时断面、电压越限、AGC机组调节详情，支持一键跳转至安全约束调度和负荷控制场景。

针对系统间的沟通协作，新一代系统提供了即时通信工具。如果发生故障，系统将根据参与故障处置的调度机构自动建群，调度人员可将故障处置过程中产生的故障影响、情况汇报以语音、文字、画面截图的形式共享到协同处置群里，与传统的点对点语音电话沟通相比，沟通频率以及沟通范围均有显著提升，使调度人员能够更准确、更高效地感知故障处置过程，从而提高协同处置效率。

第六节 电网运行综合指标

电网运行实时指标体系从平衡调节、安全稳定、新能源消纳三个方面构建静态安全、功角稳定、新能源消纳等八大类指标及43个分项指标，支持反映电网实时运行状态，有效整合分散于各个应用中的电网指标关键信息，形成电网关键运行指标，对电网运行状态和调控业务实施质量进行全面评价，并基于此实现指标的可视化和集中展示。

电网运行实时指标主界面，展示整个电网及各分区的实时平衡能力、断面越限、AGC调节能力、防御能力等关键信息，把各模块中最重要的实时监视数据集合在一起。通过页面左侧指标树，可查看静态安全水平、功角稳定水平等八大类实时指标的详细信息。

一、静态安全水平

电网的静态安全水平反映了电网当前运行安全状况，能够计算在调度范围内线路、主变、断面在基态和N-1下的安全裕度，并能够根据评估规则对每台设备的安全运行状态进行评估，可查看断面安全裕度、主变过载安全裕度、母线电压安全水平、线路过载安全裕度全网评价结果及单个设备评价结果、详细信息。

二、功角稳定水平

电网的功角稳定水平评估包括功角稳定储备系数、暂态功角稳定裕度、实测低频振荡阻尼比和主要振荡模式下的阻尼比，可查看静态功角稳定储备系数、暂态功角稳定裕度、小扰动系统阻尼比、大扰动系统阻尼比全网评价结果及单个计算对象评价结果、详细信息。

三、电压稳定水平

电网的电压稳定水平评估涵盖了多馈入直流有效短路比、静态电压稳定储备系数、暂态电压稳定水平及过电压安全裕度，可查看多馈入直流有效短路比、静态电压稳定储备系数、新能源场站短路比、暂态电压稳定水平、稳态过电压安全裕度全网评价结果及单个计算对象评价结果、详细信息。

四、频率稳定水平

电网的频率稳定水平评估包括系统转动惯量、暂态频率安全裕度、稳态频率安全裕度，可查看系统实时惯量、系统最小需求惯量、系统惯量裕度实时值及实时滚动曲线。

五、短路电流水平

电网的短路电流水平评估包括三相短路电流安全裕度和单相短路电流安全裕度，可查看三相短路电流安全裕度、单相短路电流安全裕度全网评价结果及单个计算对象评价结果、详细信息。

六、平衡能力

平衡能力体现了电网的供电能力，能够计算电网的旋转备用及负备用，并能够按照规则对这些能力进行评估，可查看火电、水电、核电、风电、抽蓄、光伏、受电、有功正旋备等发用电曲线，旋转备用、负备用、可调度负荷、超短期平衡裕度信息以及地区及分区发用电信息。

七、调节能力

调节能力展示了电网的调度能力，能够按照规则对一次调频调节能力、AGC调节能力及电压调节能力进行评估，可查看一次调频上下调节能力，包括上下调节能力、上下调节速率、机组调节总量。

八、新能源消纳

新能源出力受天气影响巨大，在调度时具有时效性挑战。新能源消纳能力评估涉及断面约束受阻及超短期断面约束受阻情况、调峰约束受阻及超短期调峰约束受阻情况、新能源短路比的计算结果，可查看新能源运行监视画面，包括新能源装机容量、实时出力、预测曲线等信息展示。

第七节　主配协同调控

主配协同调控应用通过构建主配网故障处置协同机制，促进了主配网多源数据的融合应用及故障信息的共享，提高事故处置的效率，支撑主配网调度运行协同。主配协同调控应用在地调部署，主要功能包括合环风险分析、供电路径分析、负荷转供、小电流接地选线分析等。

一、合环风险分析

合环操作风险分析功能基于状态估计和调度员潮流功能，对特定地区电网的解合环操作进行校验分析和风险评估，为负荷转供的安全实施提供了模拟分析工具。能够实现解合环路径自动搜索；对于模型参数完备且相关量测采集齐全的环路，能够计算合环稳态电流值、合环电流时域特性、合环最大冲击电流值，以校验合环操作的合理性。在操作范围上，分为主网合环分析和配网合环风险分析。主网合环分析操作如图5–14所示。

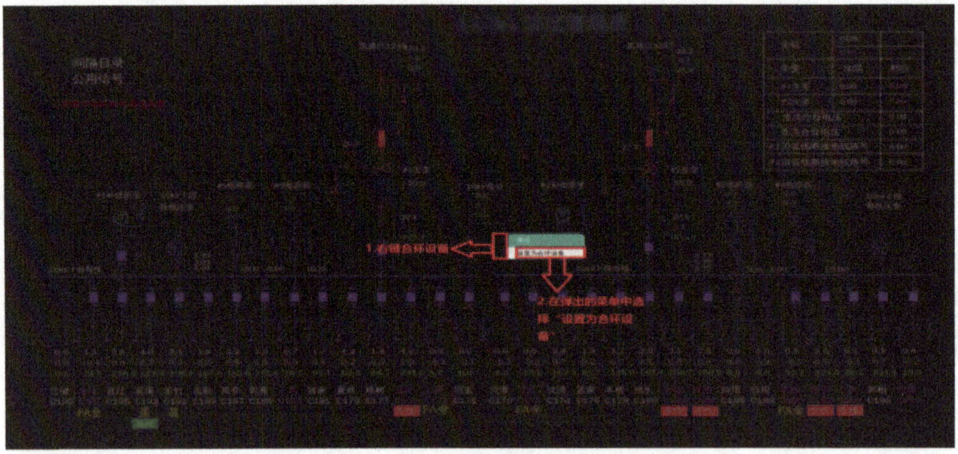

图5–14　主网合环分析操作

在厂站一次接线图或配网单线图上选择并设置需合环的设备，系统将跳转至“合环风险分析”主画面，确认无误后，进行“一键合环分析”。图5-15为配网合环分析操作。

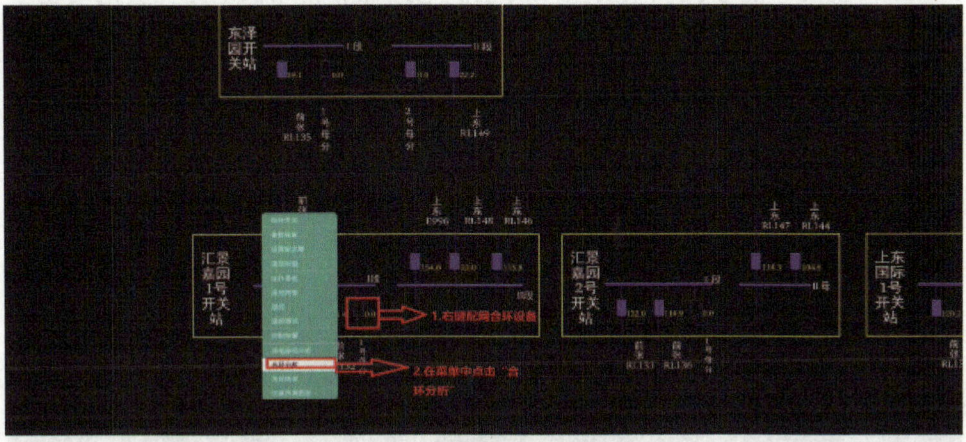

图5-15 配网合环分析操作

合环计算结果包括合环计算及等值结果、合环设备电流、合环基态越限、合环N-1越限、合环路径展示、合环历史记录等。图5-16为合环风险分析展示界面。

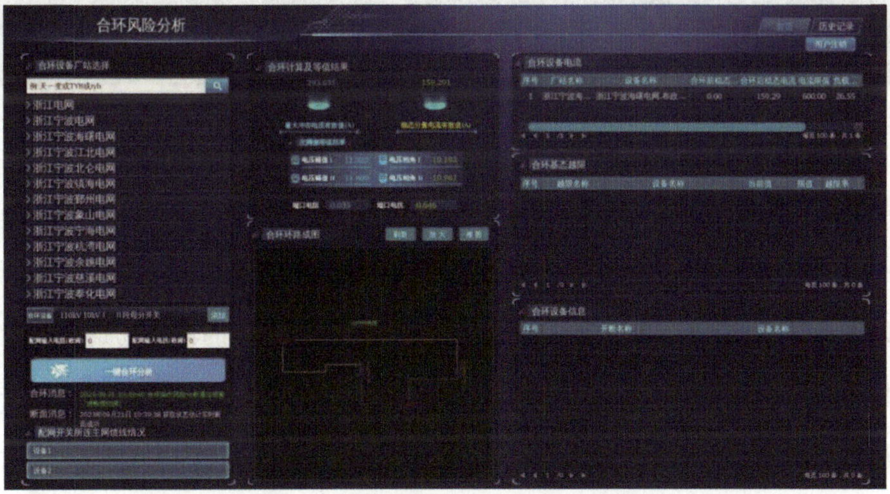

图5-16 合环风险分析展示界面

二、供电路径分析

主配一体重要用户供电路径识别从用户上网的配变开始，向上一直追溯到500kV主变，能够提供重要用户的主供电路径和备用供电路径。同时基于主配实时断面数据，可以实时监视路径中关键设备的运行状况，及时提示调度人员发现设备重载和越限情况，将重要用户的供电风险降到最低，充分保障重要用户的供电安全。供电路径分析展示界面如图5-17所示。

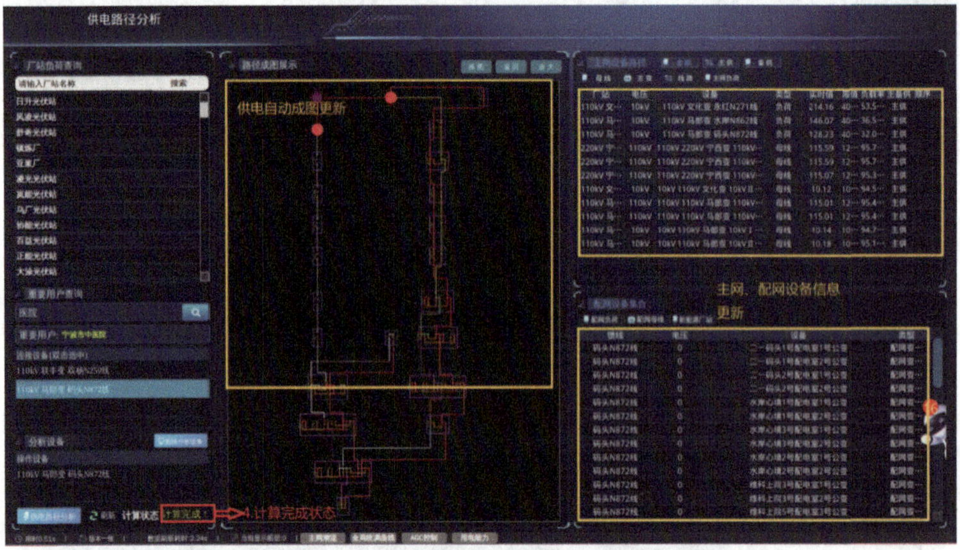

图5-17　供电路径分析展示界面

三、主配协同负荷转供

主配一体负荷转供辅助决策是基于电网实时运行断面或者历史断面，可以模拟主变越限、单一设备故障以及多设备同时故障的典型场景，综合考虑地区的备自投建设情况，并结合停电范围分析功能，对这些预案事件进行负荷转供分析。通过展示主网转供详细信息、配网转供详细信息、备自投信息、转供前后主配网停电信息、转供前后主配网风险信息、事件评级以及概述性的预案整体描述，实现了关键设备和重要事件的快速送电恢复策略。通过使用智能化自动成图技术，系统能够实时展示当前设备的局部拓扑关系，从而有效提升调度人员对紧急事件的处置能力。图5–18为负荷转供主页面。

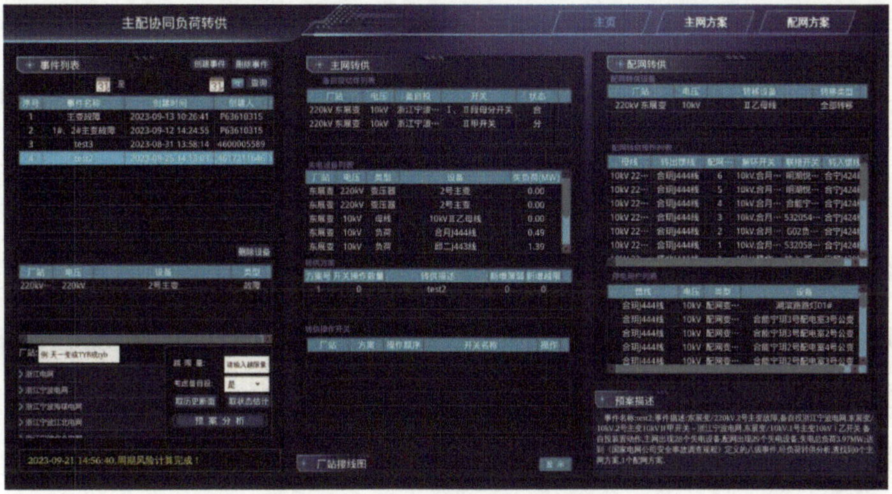

图5–18 负荷转供主页面

在负荷转供主页上，用户可以创建事件，编制事件名称及事件类型，并通过画面化的展示选择负荷转供设备，制定故障预案。通过选取历史断面或选取状态估计来获取实时断面，开展预案分析。同时，在主配协同负荷转供主页上，集中展示了主网转供与配网的转供详情，包括主网的备自投动作情况、设备失电情况、转供方案以及配网的转供设备、转供操作列表及停电用户列表。

四、小电流接地选线

当电网出现单相接地故障时，调度运行人员可利用小电流接地选线的母线电压实时监视模块，及时发现单相接地故障。系统通过分析接地前后零序电流、相电流、无功的特征量，并结合零序电流排序因子与负荷重要等级的“IQ综合快速选线法”，对故障母线下所有出线的故障概率进行计算和排序，为调度员开展接地试拉工作提供参考，从而提高事故处置效率。

1. 实时监视

实时监视界面主要展示系统中当前正发生接地和已发生接地母线的信息，以及系统分析得出的选线策略排序信息列表。其中，接地母线信息列表主要展示当前正在接地母线的详细信息，包括接地母线所属厂站、接地相别、接地发生时间及三相电压；监视母线信息列表主要展示系统监视的所有母线的接地相关信息，包括接地母线、当前接地状态、上次接地相别、上次接地发生时间、上次接地恢复时间、上次接地持续时间；接地母线策略信息列表主要展示当前接地母线的选线信息，包括可疑接地负荷名称、接地可能性排序、故障前电流值、故障后电流值、电流突变值等。

如果系统中同时存在多条接地母线，可依次点击不同接地母线记录，切换展示接地母线策略信息。图5-19为小电流接地辅助决策主页。

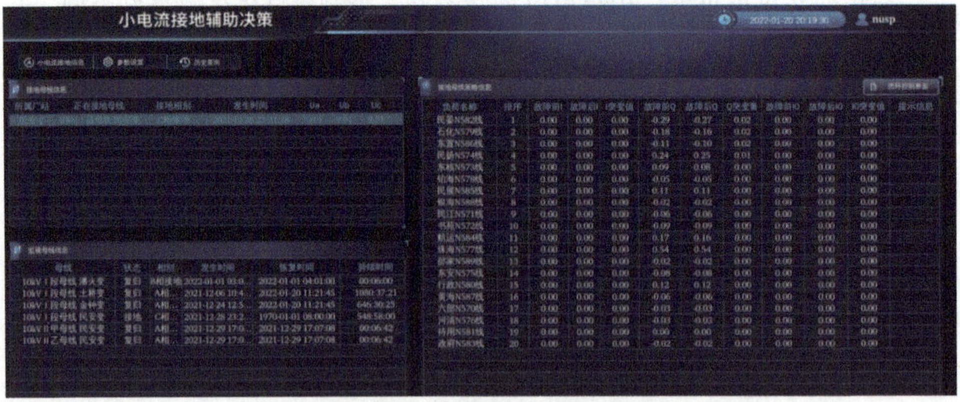

图5-19　小电流接地辅助决策主页

2. 参数设置

在参数设置界面，用户可查看当前系统中关于策略分析过程中依赖的不同系统参数选项，包括最大电压监视范围、最小电压监视范围、联系接地门槛值、顺势接地启动值、接地电压偏高比例、接地电压偏低比例、无/欠补偿零序排序门槛、过补偿零序排序门槛、综合法I权重、综合法Q权重、等待母线恢复时间、残留门槛。图5-20为小电流接地辅助决策参数设置。

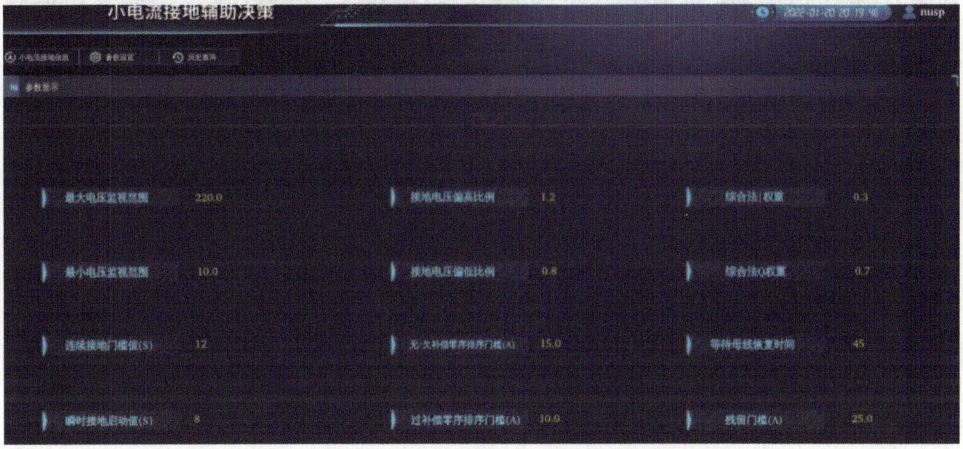

图5-20　小电流接地辅助决策参数设置

五、历史故障查询

在历史故障查询界面，用户可查看系统中关于历史接地选线的分析策略信息，同时，该界面还支持起始时间和终止时间进行历史记录的筛选。用户还可以选择“历史接地母线”表格信息中的历史记录，以查询该母线在接地时刻，系统做出的分析策略信息。图5-21为电流接地辅助决策历史查询。

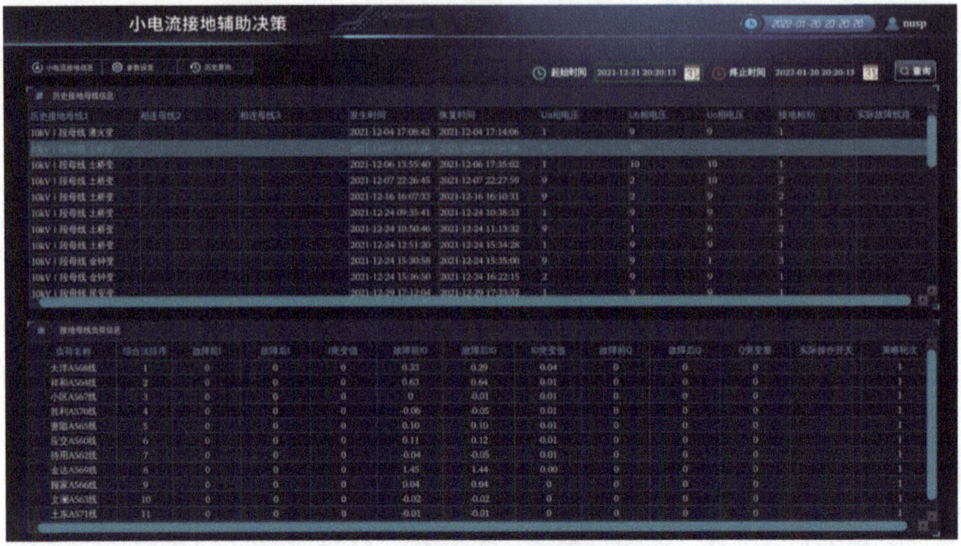

图5-21　小电流接地辅助决策历史查询

第六章
自动控制

自动控制类应用能在新能源大规模并网下更有效地保障电网的实时平衡，主要功能包括常规机组自动发电控制、新能源有功自动控制、无功电压自动控制和省地协同控制。本章将详细探讨新一代系统中有功功率、无功电压的自动控制类应用的应用情况及日常运维的主要内容。

第一节　概述

自动控制类应用由有功自动控制和无功自动控制两部分组成，它们能够实时监测电网的关键参数，如电网频率、联络线功率、新能源消纳和无功电压等，确保这些相关控制目标保持在理想状态，通过各类可调节资源（包括常规机组、风光新能源、储能、虚拟电厂、可调节负荷、容抗器、变压器分接头位置等）的自动闭环控制，能够实时校正电网频率、联络线功率以及电压偏差，优化无功分布，以保障电网功率平衡与电压安全。同时，自动控制类应用可通过与其他协同优化系统（如现货市场、新能源预测类应用、分析校核类应用）交互的方式，实现优化控制，进一步提升电网经济运行水平。总体架构如图6–1所示。

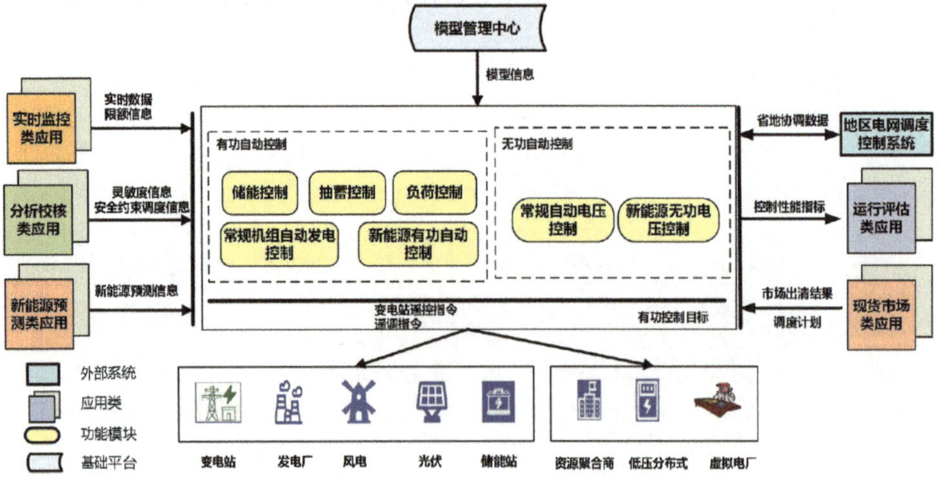

图6–1　自动控制类应用总体架构

第二节 有功自动控制

有功自动控制能够自动调节控制区域内不同类型发电机组有功功率的分配，确保系统频率和联络线交换功率在预设的目标范围内运行。自动发电控制主要由主站控制程序、数据传输通道、远方控制终端、机组协调控制系统（电厂监控系统）以及发电机组自动化装置等组成。有功自动控制的主要功能包括常规机组AGC、新能源有功自动控制、省地协同控制等。

一、常规机组自动发电控制

常规机组自动发电控制（以下简称“常规机组AGC”），通过对调度区域内发电机组有功功率的自动调节，来维持系统频率或联络线交换功率在一定的目标范围。常规机组AGC的关键性能指标包括区域控制误差（以下简称“ACE”）和控制性能标准（以下简称“CPS”）。ACE是指联络线功率交换误差和频率偏差的总和，反映了电网中发电与用电功率的不平衡程度，为常规机组AGC提供了计算下发机组控制指令的依据；CPS评价标准主要用于动态评价区域控制性能，分为CPS1和CPS2两个子指标，CPS1指标主要评价电网调节过程对电网频率的贡献程度，CPS2指标主要用于评价电网ACE平均值是否超出预设的阈值。

在新一代系统中，常规机组AGC的主界面主要展示了调度员监视的常规电厂机组实时运行工况，实时显示区域的控制模式、运行状态、详细控制信息等，也是AGC最常用、最重要的监视画面，如图6-2所示。

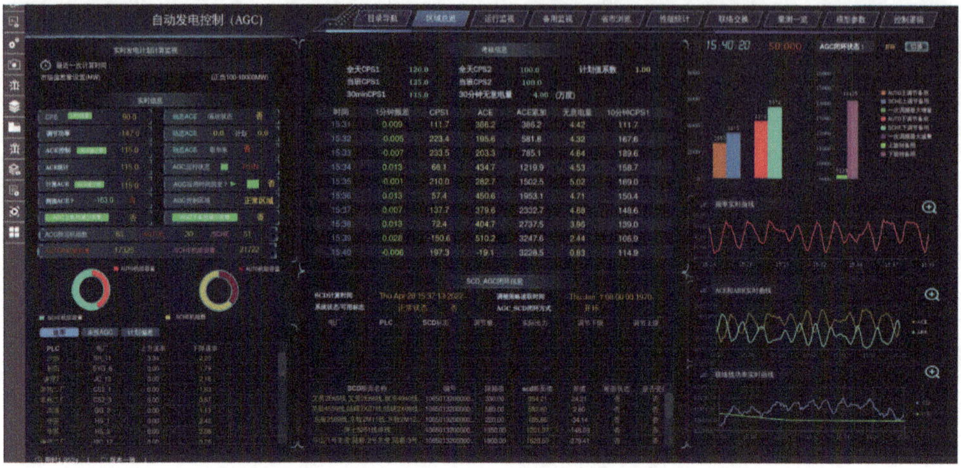

图6-2　常规机组AGC实时运行监视画面

实时信息模块主要展示了CPS考核值、区域内当前的调节需求及相关ACE控制参数、当前AGC运行状态和控制区域。考核信息动态生成各个统计周期的CPS1、CPS2指标，其中CPS1大于200则为优秀，大于100则为合格。

安全约束调度（以下简称“SCD”）展示了基于AGC下的SCD实时运行状态。状态包括开环、手动闭环、自动闭环和自动等待四种模式，这四种模式之间可相互切换。如果当前SCD的计算结果可用，则可设置为“手动闭环”进入闭环控制，其间，可手动更新SCD的可用结果以便参与闭环控制。如果长时间没有新的SCD结果可用，闭环方式将自动转变为“自动等待”。在自动等待状态下，一旦有新的SCD结果变得可用，系统将自动恢复为自动闭环方式。

备用信息监视与控制模块能实时监视控制区域和机组的各种旋转备用容量和调节备用容量，并且能够切换AGC开环或闭环的运行状态。

机组运行监视模块负责实时展示机组的调节能力、机组退出控制的信息和计划偏差信息。通过该模块，调度员可对机组进行操作和管理，并可以实时反馈机组的详细控制信息和运行状态。当机组切至调差运行模式时，可分为四类运行方式：空值、最高、最低和深调峰。控制模式一览对各个控制模式进行了详细说明。

机组响应测试能够检测AGC机组参与AGC响应的调节速率和调节精度，这有助于更好地评估AGC机组的运行性能和差异。该功能将测试机组的控制模式设置为“TEST”，可以对相应AGC机组进行响应测试。

机组一次调频测试为AGC机组提供了一次调频测试。通过更改被控测试机组的控制模式，开展相应AGC机组的一次调频测试，测试包括四类控制模式：“TPUP”“TPDN”“TPUPT”“TPDNT”。此外，一次调频测试还包括对AGC机组的上下限进行测试，以确定其可上调、可下调或不可调的能力。AGC调频监视支持实时展示调频市场下AGC执行的情况，包括调频市场启动状态、日内和日前出清时间、AGC执行时间，以及机组中标和未中标的详细信息。

二、新能源有功自动控制

新能源有功自动控制主要侧重于面向新能源场站开展的有功功率自动控制计算，并能够自动下发有功调节指令。新能源场站以场站控制器作为有功控制的对象，接收来自调度主站的调节指令。有功控制不仅适用于单个场站，也支持多个风电场、光伏电站，从而能够实现对单场站的单站控制和多场站的集中控制。此外，它还支持将各类可调节资源整合为等效虚拟机组，以支撑省级和地方的有功协同控制。

新能源有功控制主界面从多个维度对新能源发电信息与运行状态信息进行展示与调阅，包括新能源发电受阻状态、分类型装机与实发统计、风电光伏出力曲线、频率曲线与调节能力信息，如图6–3所示。

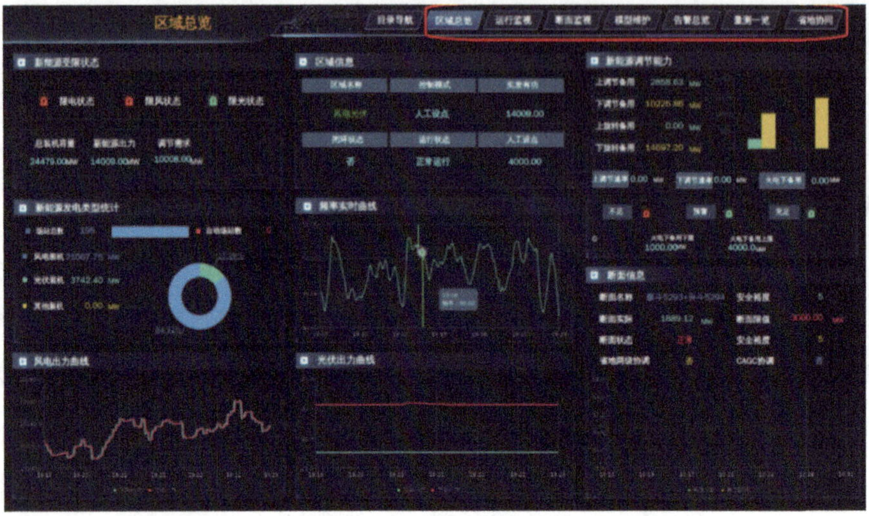

图6-3　常规机组AGC实时运行监视画面

通过“运行监视”画面可以集中监控新能源控制区、分区与场站三级控制对象的运行状态。在“区域参数设置”界面，用户可以在线修改系统层级的关键控制参数。关键核心控制参数主要包括：控制模式，可实现不同控制场景的切换；闭环状态，“是”则下发控制指令报文，“否”则处于开环状态，对控制决策仅作显示参考；给定目标，在“人工设点”控制模式下，通过修改该值确定出力跟踪目标；紧急区门槛，这是一个用于判断区域调节需求是否进入紧急状态的阈值，当超过这个值时，对恶化区域调节需求的控制逻辑进行闭锁。

新能源有功控制支持全网的新能源场站批量操作。通过批量操作，用户可以一键修改新能源场站的各类关键参数，包括控制模式、基点功率、人工上下限、遥测限值和闭锁测点值取用开关状态等功能。

新能源有功自动控制支持静态调试和动态调试。

静态调试的主要目的是验证下行通道的正确性，是新能源场站投入闭环前的必需工作，在“信号测试”界面，用户可以与子站进行新能源AGC场站的遥测、遥信信号对点，检查主站能否正确可靠地接收子站上送的AGC量测数据，检查电厂是否收到主站下发的AGC遥调值。

动态调试是新能源AGC对单个场站进行有功自动调试的关键方法，它通过向场站发送预先定义的控制信号来测试新能源场站的有功控制响应特性，测试过程中，功能模块将自动记录测试开始时间、测试结束时间、被测场站的响应时间以及场站的升降速率等。系统提供了“定点跟踪测试”“风电光伏测试”“连续升降测试”三种测试方案。定点跟踪测试，即通过人工指定跟踪目标，实现新能源场站的响应测试；风电光伏测试，分别对应风电、光伏并网规范中的测试方法而设计；连续升降测试，则按照额定速率定周期计算预期的爬坡目标，以实现在指定容量范围内控制指令的自动连续下发。

为了满足调峰、断面及在线可用性等不同场景的需求，新能源有功自动控制结合实际需求设计了三类批量的测试功能：心跳测试、批量测试和容量测试功能，以实现对新能源有功自动控制进行不同场景下批量的测试与考核统计。

心跳测试。新能源场站心跳测试的目的是通过即时抽查测试掌握其在线可用性和调节响应能力，这次测试包含两个阶段：首先是单次脉冲下调阶段，其次是爬坡恢复阶段。

批量测试。由于新能源场站数量较多，调度运行人员较少针对单个新能源场站进行心跳测试，因而提供了批量测试技术手段。批量心跳测试分为手动与自动两种模式，可实现手动批量测试和自动批量测试。

容量测试。容量测试是为了调峰与断面控制场景设计的测试行为，根据电网运行控制需求，人工设置调峰容量，系统依照弃电小时数进行排序，并将调峰容量分解分配到相应场站，并以“性能测试”方式执行。调度运行人员可以根据实际运行需求选择不同范围的容量测试，主要包括全网容量测试与分区容量测试。两类测试可同时进行，但分区容量测试优先级更高，即分区容量测试若先启动，该分区将不再参与全网容量测试；全网容量测试若先启动，在启动分区测试时，该分区未测试场站不再参与全网容量测试。两类测试逻辑一致，仅范围不相同。

三、省地协同有功控制

省地协同有功控制包含广域信息交互、控制模型同步、地区AGC运行监视、协同闭环控制四大部分。这些组成部分共同工作，通过广域信息交互实现省地协同有功控制模型数据共享和地区AGC运行状态实时监视，通过协同闭环控制实现省地两级源网荷储资源的优化调度。

在“省地协同”功能模块中，系统整合了各地区的等值信息数据，集中展示各地区的有功功率、调节上下限、调节速率、可控状态等数据。地调等值机组在省调控制模型下进行逐一映射，将各自等值控制模型的控制参数（实际出力、调节上限、调节下限、额定容量）、运行状态（可控状态、增出力闭锁状态、减出力闭锁状态）等数据，通过省地模型同步功能，实时将各地区模型同步至本功能模块下。

数据模型同步完成后，为了能支撑省地协同控制，需将策略进行闭环管控。省调侧新能源控制区根据区域控制方式（如频率控制、调峰控制、人工设点）的设置，计算调节需求，并将这些需求按照“区域-场群-场站”的方式进行分配，通过设定控制对象的控制模式，可对地区等值控制机组下发控制指令。调度运行人员可以修改等值控制对象的控制模式，并查看其控制目标的变化情况。此外，通过比对省调下发目标等值控制对象与各地区返回目标值，可以验证省调下发指令的正确性。地区等值控制机组的模型构建与接入主要包括以下四个流程。

1. 地区等值信息接入

各地区的新能源场站可根据具体应用场景进行动态分区，每个分区可以等效为一个或多个等值机组，这些等值机组将接入省调参与协同控制，因此，地区等值信息接入时需维护该等值对象的所属分区信息，以便分区展示机组的等效功率和调节范围。

2. 等值控制对象模型建立

在省调侧，地区的每个等值汇聚模型被等效为一个控制对象（场站控制器），该控制对象与省调侧其他新能源场站可共同参与全网调峰控制、局部断面控制、系统频率控制。

3. 等值控制对象模型维护

新能源模型维护可通过“模型维护”执行模型维护相关工作，查看模型维护结果信息以及系统模型校验结果。

4. 省地信息交互

省地等值控制信息通过广域服务实现模型数据交互，省调侧构建的聚合信息模型接入地调的等值信息，作为物理模型；省调侧构建的等值控制对象模型作为AGC的控制模型，二者通过实时库的相关接口进行映射，共同参与省地之间的源网荷储协同控制。

第三节 无功自动控制

无功自动控制通过实时采集的电网运行数据，在确保电网安全稳定运行的前提下，对常规机组的发电机无功、有载调压变压器分接头（OLTC）、可投切无功补偿装置、静止无功补偿器（SVC）以及新能源场站等无功电压调节设备进行管理；同时，还对风电场、光伏电站、储能电站、新能源汇集站等新能源场站内的无功资源进行在线优化闭环控制，充分整合常规机组和新能源场站的无功调节能力，实现无功分层分区平衡，减少电压波动并保留合理的动态无功备用，从而提高电压质量，降低网损。无功自动控制的实时运行监视画面如图6–4所示。

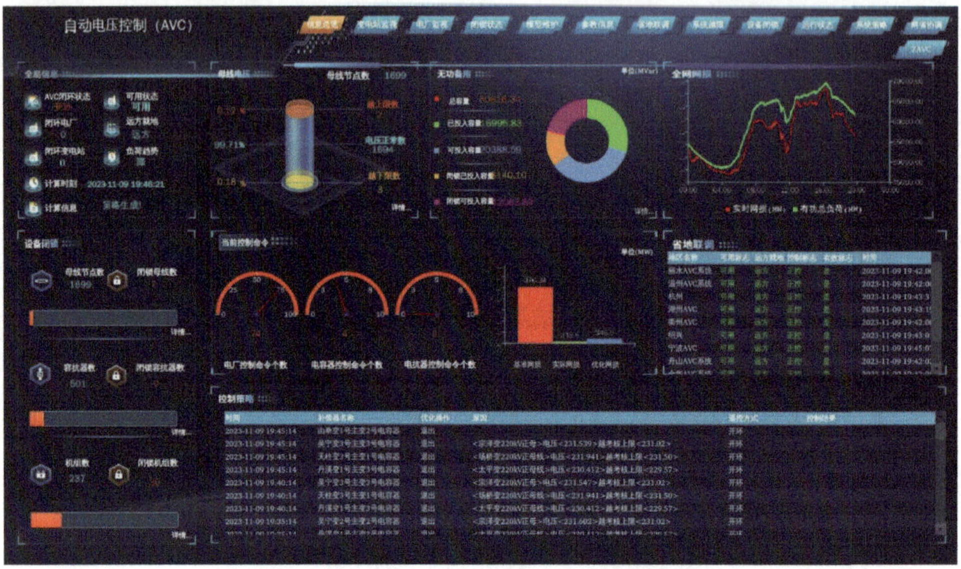

图6-4　无功自动控制实时运行监视画面

无功自动控制主界面实时展示当前自动电压控制（以下简称“AVC”）的闭环状态、计算周期、当前计算信息。用户可查看系统内母线、容抗器、机组等设备的闭锁情况，以及母线电压、无功备用整体统计信息，此外，界面还提供省地协调、变电站控制等控制策略信息。

一、变电站监视

变电站监视主要集中监视变电站相关的母线和容抗器的运行信息。如该变电站近期有控制策略生成，则能显示该控制策略。在AVC母线表记录中，可以查看当天该母线的运行曲线，包括母线的电压值、电压上下限等信息。容抗器表记录中则实时展示当天变电站内容抗器的无功运行曲线。

二、电厂监视

电厂监视主要集中监视电厂相关的母线和机组的实时运行情况。如该电厂近期有控制策略，则能展示该控制策略。在控制母线表记录中，可以检查当天该母线的运行曲线，包括母线的电压值、电压目标、电压上/下限等信息。机组信息记录则实时展示当天机组的无功运行曲线。

三、闭锁状态

闭锁状态用于监视变电站内的母线和容抗器闭锁信息。通过选择特定的母线或容抗器记录，可进一步查看更为详细的闭锁信息。

四、模型维护

模型维护提供了AVC模型的建模情况和异常模型信息。通过模型信息的提示，能更好地辅助处理建模中的设备关联关系和设备参数等异常问题，从而提高异常问题处置效率。

五、参数信息

参数信息允许用户集中监视并在线管控AVC的计算参数。在AVC厂站表中，可以详细查看每个厂站的容抗器、母线或机组设置的运行参数。这些参数信息包括：电压限值时段参数，为母线电压分段设置参数信息；动作次数时段参数，为电容器、变压器分时段设置参数信息；功率因素时段参数，为机组PQ曲线分点的参数分段信息。

六、设备闭锁监视及操作

设备闭锁监视及操作主要用于展示和管控AVC涉及的设备运行情况。该模块能够实时监视特定厂站对应的电厂控制器、变电站控制器、母线、容抗器和机组等运行信息。同时，在电厂控制器列表中，可对具体电厂控制器的开闭环进行投退操作；在变电站控制器列表可对变电站的开闭环进行投退操作；对母线、容抗器、机组等设备也可在相应的列表上进行人工解锁、闭锁、解除告警闭锁等操作。

七、灵敏度监视

灵敏度监视不仅为控制灵敏度发电机的机组提供了无功–母线电压灵敏度监视信息，也为控制灵敏度负荷的容抗器提供了无功–母线电压灵敏度监视信息。

第七章
分析校核

分析校核类应用通过时间、空间、业务三个维度对电网模型及实时数据进行筛选和获取，利用并行快速算法和智能化分析工具，从电力系统稳态、静态、暂态、动态等方面，对电力系统实时、计划和预想运行方式下的运行情况进行全局性分析预警、安全校核与辅助决策，并为其他类应用提供分析决策计算服务，支撑大电网运行全方位安全预警和多维度、多层次协调防御。本章将重点介绍分析校核类中网络分析、在线安全稳定分析、预调度和安全校核等应用。

第一节　概述

分析校核类应用为电网在线调度运行分析业务提供了技术支撑，主要实现交直流大电网运行安全稳定分析预警和多维度、多层次的协调防御。该应用能够根据调度系统中的电网模型，计算生成实时运行方式数据，分析不同运行方式下电网的运行情况；模拟电网各类设备元件的动作行为和控制策略，实现稳态、静态、暂态、动态等多类安全稳定问题的在线分析与辅助决策；对全网预想事故和未来运行方式变化进行快速准确的仿真计算，以实现对电网运行趋势的定量分析和仿真验证；整合日前、日内、实时等各类计划数据，实现对多时段调度计划方式的安全校核和决策建议。

分析校核类应用功能主要包括网络分析、在线安全稳定分析、预调度和安全校核四部分；基于以上应用功能，可以实现事前预想预判预控、事中在线协同处置、事后分析评估和预调度等应用场景。分析校核类应用总体架构见图7–1。

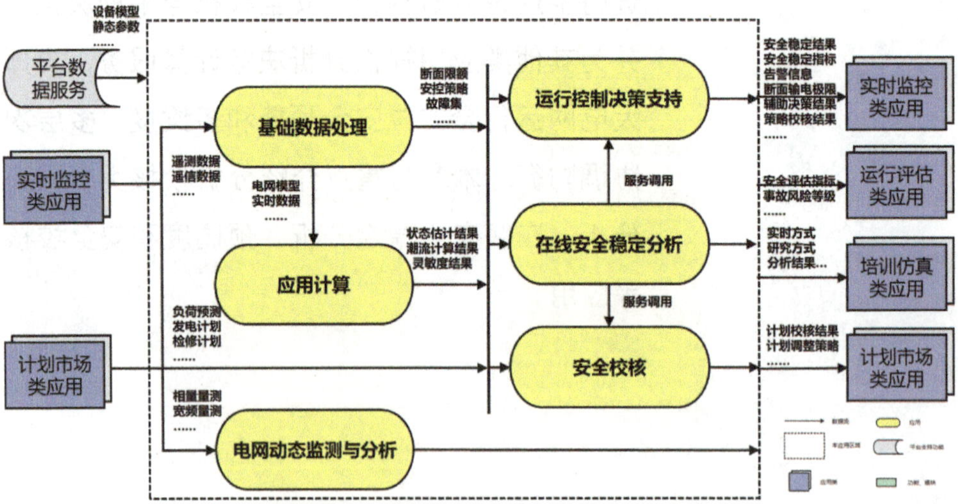

图7–1　分析校核类应用总体架构

第二节 网络分析

一、网络建模

网络建模是网络分析应用的基础模块，调度人员可以借此对电网基本信息、设备参数信息等数据进行合理性校验，统计问题数据，并构建电网的软件计算模型，为其他高级网络分析软件提供电网基础模型数据，是其他高级网络分析应用正确计算的前提条件。

在完成一次模型维护后，需要进行模型验证，以确保其准确性。验证结束后，系统会提示验证结果，如果出现“模型验证存在严重错误”的提示信息，可以点击按钮显示具体错误信息，然后根据具体信息修改对应的错误。如果没有严重错误，可以点击“模型复制”按钮将模型复制给状态估计使用。

二、状态估计

状态估计可以实时监控电网的量测数据质量，通过SCADA实时数据采集到的各类主要设备的遥测、遥信数据（如线端、变压器、发电机等设备的有功值、无功值，变压器挡位，母线电压，断路器、隔离开关的遥信状态等），获取电网当前运行方式，分析量测数据的合理性。通过状态估计计算，获取当前电网更加合理可靠的断面数据，并对比计算值与实际值误差，从而反映量测数据的可靠性，主界面如图7–2所示。

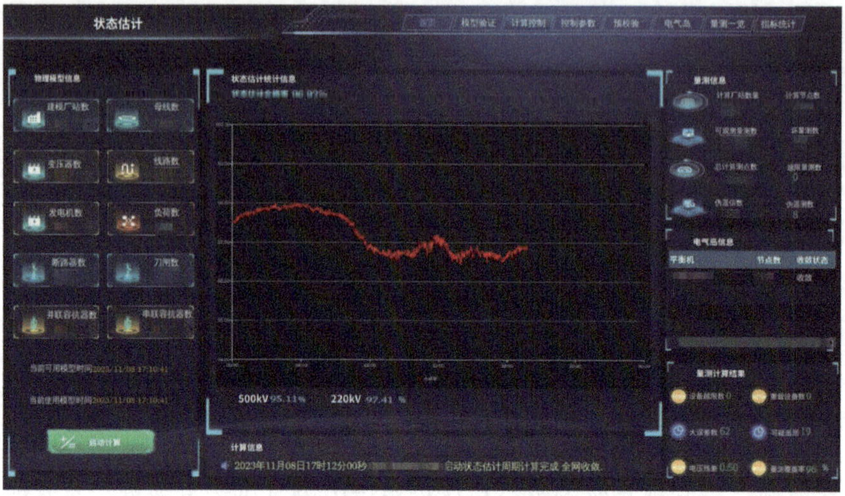

图7-2　状态估计主界面

状态估计提供预校验功能，界面如图7–3所示，点击“遥信预处理”或者“遥测预处理”按钮，可以看到遥信和遥测的SCADA数据不合理的展示界面，包括遥测越限、遥测不平衡、变压器分接头不合理、PQI不匹配、容抗器无功可疑、量测错误和开关刀闸状态可疑等。如果状态估计计算结果发散，可以点击按钮进入电气岛界面，界面会详细展示电网的电气岛情况及状态估计计算结果。

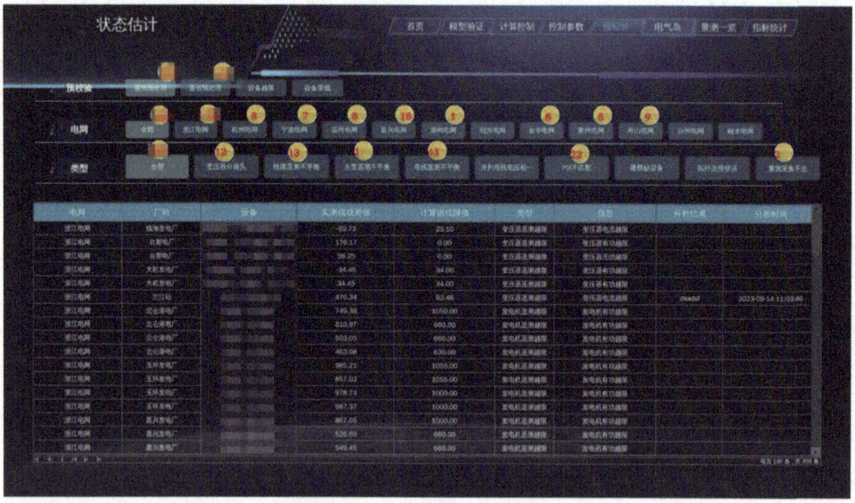

图7-3　预校验界面

此外，量测一览界面展示了全网参与考核的量测数据基本信息，包括设备信息、厂站信息、计算值、量测值、计算误差、合格点标志等，详细列出了各个设备的量测数据的误差情况，并可以进行地区、电压等级、量测类型等筛选。

三、调度员潮流

调度员潮流是在特定的运行方式下进行设定操作，以改变运行方式，分析本系统的潮流分布。调度人员可以利用此功能来研究当前电力系统可能出现的运行状态，运方人员可以利用它来校核调度计划的安全性和合理性，同时它还可以对历史运行方式的变化进行分析。调度员潮流模块也是其他高级网络分析软件的基本模块，调度员潮流主界面如图7-4所示。

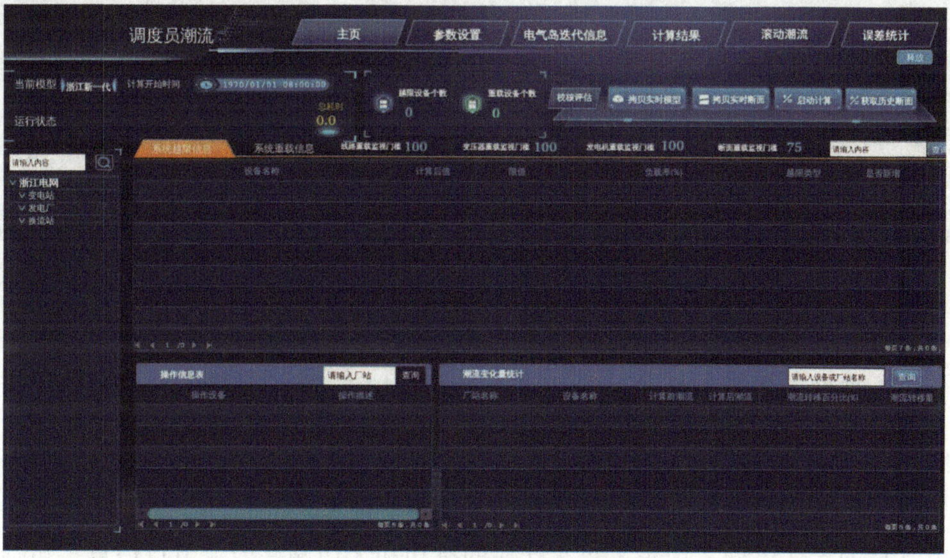

图7-4　调度员潮流主界面

在调度员潮流的主画面上，直接选择“拷贝实时断面”来获取状态估计的实时断面。点击“获取历史断面”可以读取历史的调度员潮流断面，此外，在历史断面的界面下还可以设置检索历史断面的起始时间和终止时间。

以开关刀闸变位模拟操作为例来介绍调度员潮流的操作流程。用户首先在任意厂站的接线图中选择调度员潮流场景，然后模拟开关刀闸的变位操作，完成模拟后，点击“计算结果”按钮进入调度员潮流计算结果展示界面，如图7–5所示。

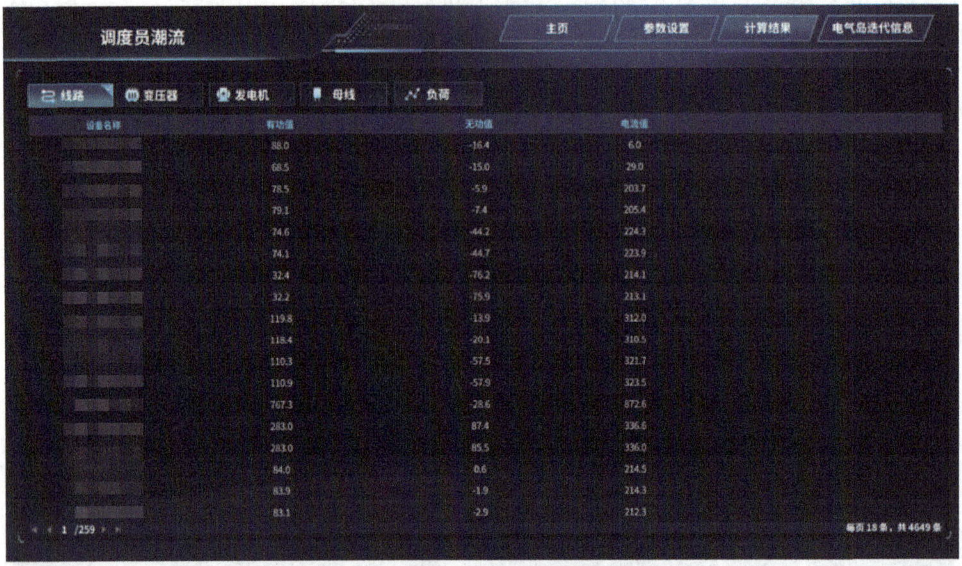

图7–5 调度员潮流计算结果界面

在调度员潮流主画面上点击“电气岛迭代信息”，切换至电气岛迭代信息页面，该页面展示了当前电网中的所有带电的活电气岛，涵盖平衡发电机厂站、平衡发电机、节点数、收敛状态和连续发散次数。迭代信息显示对应电气岛的迭代过程，记录了每次迭代的有功和无功偏差最大节点信息，包括节点厂站名、电压等级和功率偏差值。

四、静态安全分析

静态安全分析利用在线整合的电网潮流数据，对全网交流设备的N–1开断故障、直流闭锁类故障或其他预想故障进行潮流计算，支持检查其他元件是否因此过负荷和母线电压是否越限，还支持检查基态潮流是否存在元件过负荷和母线电压是否越限。静态安全分析将预想事故的发生模拟为潮流计算中事故设备的开断，运用潮流计算技术确定系统的安全性，其着眼点在于预防事故的发生，而非事故的实时处理。

静态安全分析的主界面如图7-6所示，点击“拷贝实时断面”按钮可以对实时断面进行拷贝，同时自动更新断面时间，这确保了厂站图上安全分析应用下显示的设备潮流和状态估计应用下显示的值一致。静态安全分析初始参数设置包括实时计算运行设置和自定义故障集、自定义断面和自动装置动作条件的定义等，但目前仅提供少量的参数设置信息。

图7-6 静态安全分析主界面

在静态安全分析主画面上点击“人工启动计算”按钮，主画面的断面时间、计算开始时间和计算结束时间会自动刷新，在线消息会给出计算过程及结果。同时界面还展示了计算耗时、开断总数、开断越限总数和越限元件数等计算结果统计信息。如图7-7所示，展示了“基态越限”详细信息列表，基态越限信息展示了初始越限的设备名称、所属厂站、越限类型、计算值、限值和负载率等信息。此外，风险评级界面还展示了N-1风险的评估结果，用户可以通过点击“风险评级”按钮来查看这些信息。

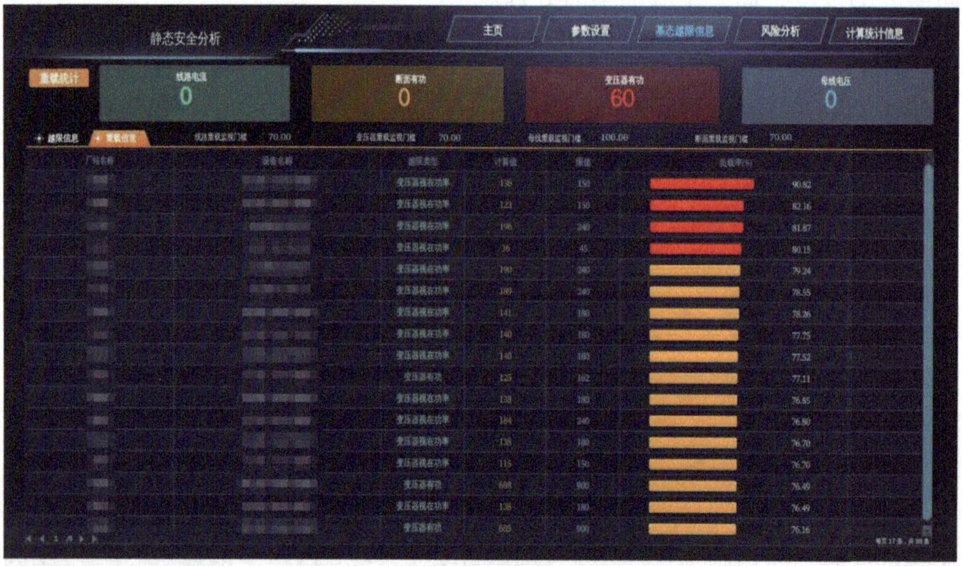

图7-7　静态安全分析基态越限信息

五、灵敏度分析

灵敏度分析通过实时运行方式、历史运行方式和各种预想运行方式，计算线路有功对机组有功、断面潮流对机组有功、母线电压对机组无功、母线电压对无功补偿、母线电压对变压器抽头等的灵敏度，以及网损对机组有功、区域交换功率、联络线功率等的灵敏度和罚因子，为各类应用提供灵敏度计算服务。灵敏度分析作为电力系统规划决策及运行控制中经常用到的方法，可以量化地计算出某项运行指标与控制变量之间的关系以确定该变量与系统的影响，从而进一步提出改善该运行指标的措施。

灵敏度分析主界面如图7-8所示，直接点击“获取状态估计”按钮，提取状态估计结果，可根据实时运行信息和断面时间来判断获取状态估计结果是否成功。用户可以在主画面上进行灵敏度分析门槛值设定及参数设置，灵敏度计算为周期计算，可以采用人工启动计算。

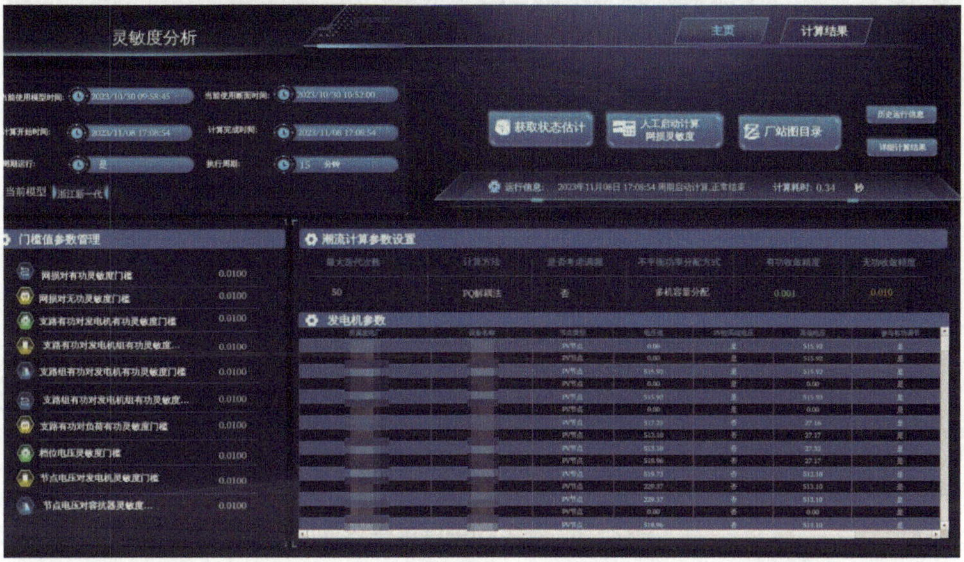

图7-8　灵敏度分析主界面

六、安全约束调度

安全约束调度是基于实时运行方式、历史运行方式和预想运行方式，以系统有功功率平衡为前提，针对支路潮流越限等问题，综合考虑大电网输电通道输送能力、机组自身运行约束条件及清洁能源发电能力等，制定发电机组有功出力调整控制策略，这一策略旨在解决支路潮流越限等电网安全问题。当存在稳定断面越限时，则通过调节发电机有功出力消除越限；当存在稳定断面重载时，经过灵敏度分析和机组调整的结果将给出机组的调整信息，以减轻断面的重载情况。

安全约束调度主界面如图7-9所示，点击“拷贝实时模型、断面”按钮，可以展示获取状态估计实时模型、断面的运行状态；双击“是否加入校正”，可对该断面进行优化计算。

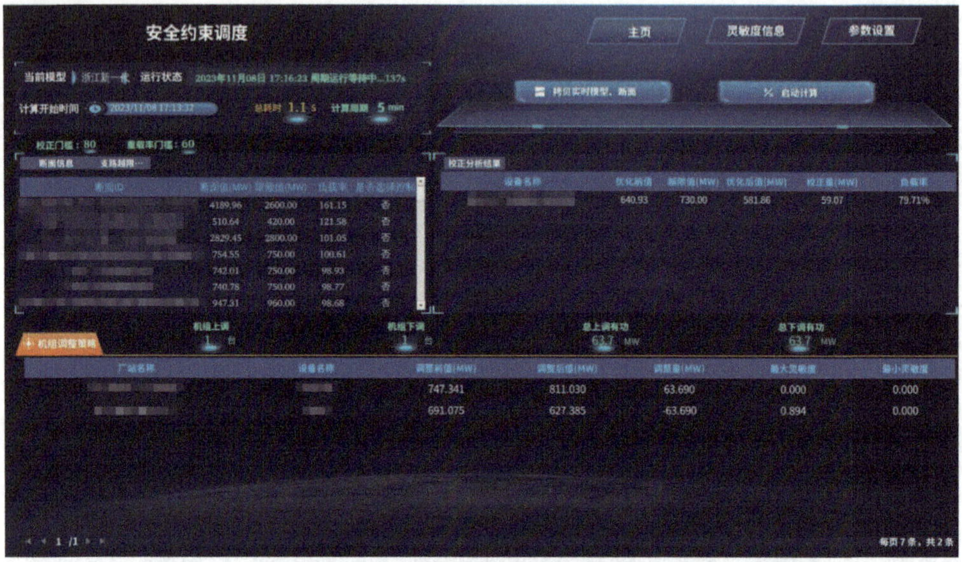

图7-9　安全约束调度主界面

监视的断面发生越限/重载情况时，在安全约束调度计算完成后，将在首页展示校正分析结果以及机组调整策略等信息，校正分析结果展示的是针对监视的断面给出的优化情况信息，包括设备名称、优化前的断面值、限值、优化后的断面值、需要矫正的量以及优化后的负载率等；机组调整策略则是机组调整结果，包括上/下调的机组数量、上/下调的机组总有功以及具体调整机组的信息。

在安全约束调度主页面的断面信息表上方可设置断面重载门槛参数，当断面的负载率高于重载门槛值时，视为重载，断面信息展示会根据设定的重载门槛显示出超过重载门槛值的断面信息。

七、短路比分析

短路比分析功能包括直流多馈入短路比分析和新能源场站短路比分析，

直流多馈入短路比分析利用在线整合的电网潮流数据，对交流系统支撑直流输电的能力进行评估；新能源场站短路比分析基于在线整合的电网潮流数据，综合考虑新能源接入对交流电网运行的影响，并通过滚动分析来计算新能源汇入场站的短路比，从而评估交流电网对新能源的支撑能力或新能源接纳能力。短路比是有效衡量受端交流系统强度的重要指标，它能够反映交直流相互影响程度及交流系统对直流系统的支撑能力，短路比越大，受端交流系统就越强，就越不容易发生电压失稳事。短路比分析主界面如图7-10所示。

图7-10 短路比分析主界面

八、潮流图综合应用分析

在线潮流综合分析计算基于初始的状态估计断面，结合计划数据生成日内、日前断面，同时对生成的断面进行网络分析功能的综合计算和展示，通过支撑平台动态资源来管理满足多用户个性化计算。此外，通过电网潮流图、厂站接线图、计算结果专题展示页面，综合实现了电网网络分析在线安全分析功能的模拟操作、结果的展示，方便用户在尽量少的页面切换中查看分析结果。

潮流图综合应用分析主界面如图7-11所示，点击初始断面选择，可以获取实时断面数据，并在潮流图显示。在左侧搜索框可以输入厂站或者设备名称进行搜索，且支持厂站名称模糊搜索匹配，点击目标厂站名称后，系统将展示目标厂站的基本信息，包含厂站名称、有功发电、无功发电、有功负荷、无功负荷、电压等级等。

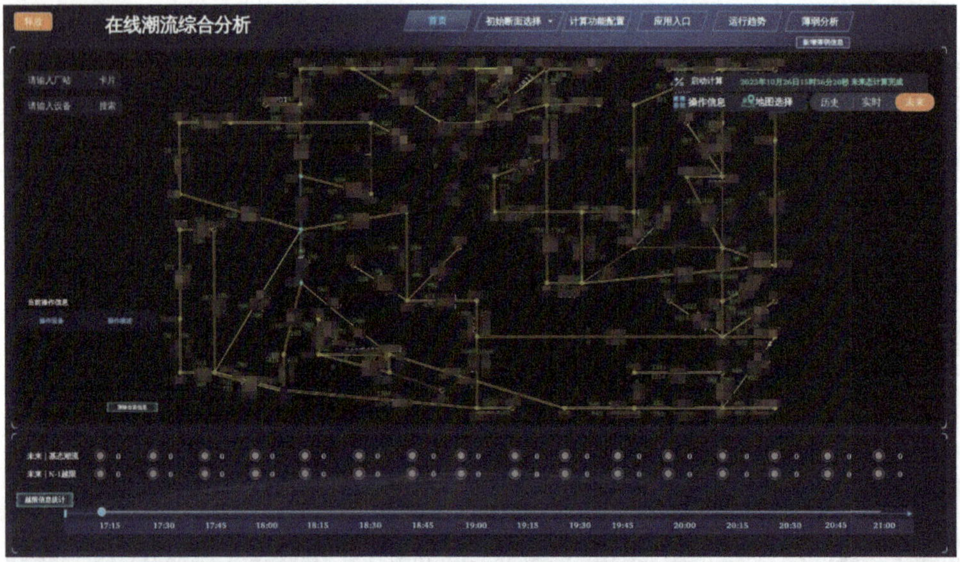

图7-11　潮流图综合应用分析主界面

第三节　在线安全稳定分析

在线安全稳定分析支持通过整合电网模型和数据，考虑直流控保、新能源涉网保护、安自装置等控制策略，从稳态潮流、静态、暂态、动态安全稳定等方面进行全方位分析和控制决策，以确保大电网安全稳定运行。在线安全稳定分析涵盖了安全稳定分析、离线安全分析、日前计划校核、分区发用电平衡实时态、分区发用电平衡未来态等功能。

一、安全稳定分析

安全稳定分析通过统一设备模型和数据，实现了静态、暂态、动态等各类安全稳定性的统一分析计算。实时态在线安全分析功能包括静态安全分析、暂态稳定分析、电压稳定分析、小干扰稳定分析等功能，这些功能以15分钟为周期（可人工设置）进行各类安全稳定分析，以实现对电网在线方式的滚动评估、预警，登录界面如图7–12所示。

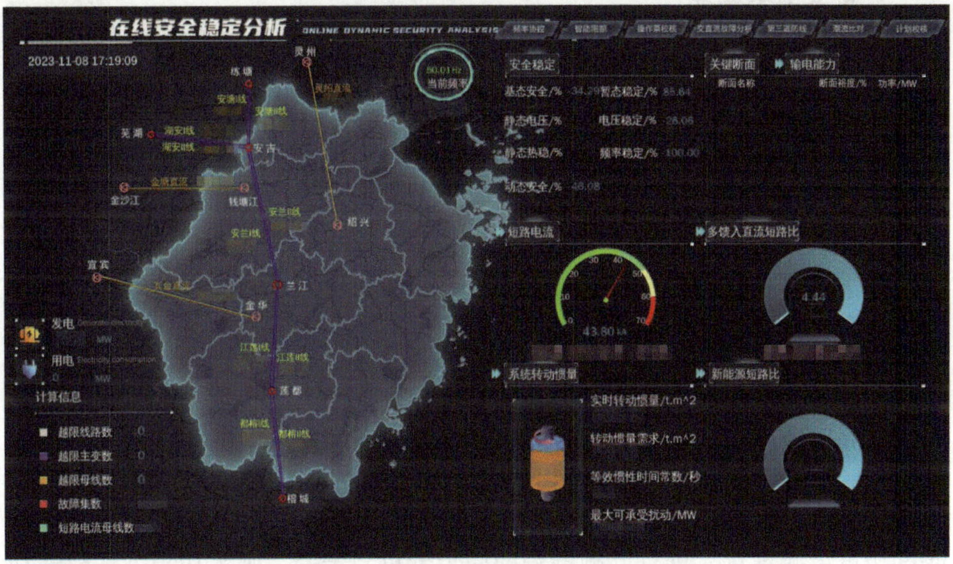

图7–12 在线安全稳定分析登录界面

1. 基态安全分析

基态安全分析用于检测当前电网是否存在设备过载或重载（I）、母线电压（V）越限和断面功率（P）越限等潜在安全隐患，并在发现问题时进行警示。

点击基态安全水平，可显示基态安全分析详细信息。在断面列表或线路列表中点击任一条记录，系统将展示该记录对应的灵敏度计算结果，其中包含机组与负荷的灵敏度信息，点击“辅助决策”可跳转至“基态辅助决策”画面。

2. 静态安全分析

静态安全分析功能利用在线分析潮流数据，针对指定的稳定断面，在预设或者自动生成的发电机和负荷调整顺序中，计算电力系统在受到小扰动后，避免非周期振荡，自动恢复到起始运行状态的能力。该功能提供指定断面的静态稳定功率极限和静稳储备分析结果。

点击“静态安全水平”，将显示静态安全分析详细信息，在故障列表中点击任一条记录，可展示对应的线路、输电断面、变压器、母线计算结果。

3. 暂态安全分析

暂态安全分析功能根据暂态稳定分析故障集，对电网进行详细的时域仿真计算，详细评估电力系统在受到大扰动后，各同步发电机保持同步运行并过渡到稳态运行方式的能力，该功能提供包括暂态功角稳定性、暂态电压稳定性和暂态频率稳定性等在内的安全分析结果。对应的加速机组、减速机组、电压薄弱母线、频率薄弱母线等计算结果均可以在暂态安全分析的详细信息中展示。

4. 小扰动动态稳定分析

小扰动动态稳定分析功能利用在线分析潮流数据，计算全网低频振荡模式，并从中筛选出最关键的若干主导振荡模式，得出动态稳定的结论；能够通过相量量测信息，进行低频振荡的稳定分析与告警，确定功角振荡模式和机组的关系，得出当前系统低频振荡的模态分析结论；能够根据振荡模式关联机组的参与因子和模态分布来确定电网中的典型振荡模式，自动识别振荡模式类型和关联区域，功能页面如图7–13所示。

点击在线分析与预警–小扰动，可显示小扰动分析详细信息，在小干扰列表中点击任一条记录，系统将展示对应的发电机、特征根分布图等计算结果。

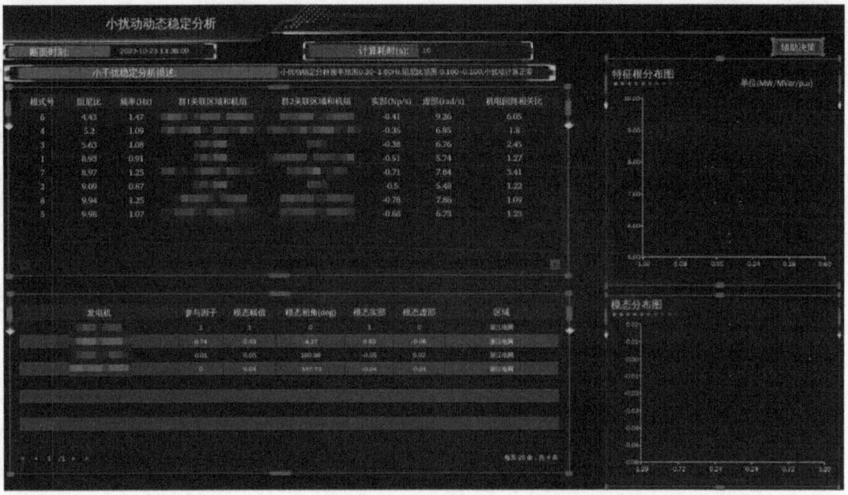

图7-13　小扰动动态稳定分析功能界面

5. ***大扰动动态稳定分析***

大扰动动态稳定分析功能根据时域仿真得到系统的动态轨迹，通过计算动态轨迹主导模式的振荡频率和阻尼比，得出大扰动的动态稳定分析结果，功能界面如图7-14所示。点击在线分析与预警-大扰动，可显示大扰动分析详细信息。

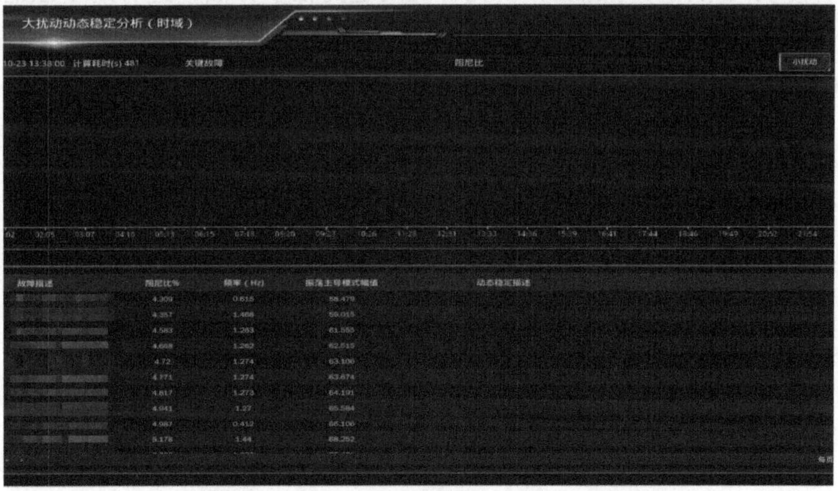

图7-14　大扰动动态稳定分析功能界面

6. 静态电压稳定分析

静态电压稳定分析功能利用在线潮流数据，分析电力系统在经受一定的扰动后各负荷节点维持原有电压水平的能力。点击在线分析与预警-电压稳定，可显示电压稳定详细信息。在断面列表中点击任一条记录，系统将展示对应的潮流、初始负荷、极限负荷等计算结果。

静态电压稳定裕度评估用于衡量静态电压的稳定性，在系统设定的运行状态下，通过负荷增长或传输功率的增长逐步逼近电压崩溃点，将系统当前运行点到电压崩溃点的距离作为电压稳定性程度的指标。

PV曲线方法展示，通过绘制监视节点电压和区域负荷或断面传输功率之间的关系曲线，指示区域负荷水平或传输断面功率水平导致系统临近电压崩溃的程度。

二、离线安全分析

离线安全分析用于识别和分析当前系统存在的安全稳定问题，通过选择在线系统保存的断面数据，结合调度预案研究进行详细研究，寻找系统在静态、暂态、动态等条件下的安全稳定问题的成因。通过调整电厂出力、负荷大小、修改网络拓扑等途径，研究解决问题的根本方法，这有助于在电网预想运行方式下优化系统运行，确保系统安全、稳定、经济运行。

离线安全分析还可用于分析系统运行过程中遭遇的事件，并对在线系统预警结果、预防控制策略乃至紧急控制措施进行详细的分析，用于实现在线预决策措施评估和修正等功能。通过设置故障算例、系统运行限值等参数，可进行实际系统的安全稳定分析，从而了解系统的安全稳定程度。如系统在安全状态下运行，调度预案系统可以自动搜索出断面输送极限；如系统存在安全风险，则可以自动搜索出预防控制措施或紧急控制措施，措施执行后可以使得系统安全稳定运行。

三、日前计划校核

日前计划校核针对预定的计划数据，创建计划安全校核断面，逐一校核每一个断面的静态、暂态和电压稳定性的全面快速分析，以确定计划方式的稳定限额。对于符合安全稳定性要求的计划安全校核断面，系统将计算输电断面极限；对于不符合安全稳定性要求的计划安全校核断面，系统将提供有关输电断面阻塞信息和计划调整建议，以确保调整后的日前计划能够满足系统安全运行的要求，功能界面如图7-15所示。

点击计划安全校核，用户可以进入计划方式安全稳定校核主画面，在这里，用户能够查看每个计划时刻的基态、静态、暂态分析结果以及安全裕度断面曲线的详细数据。

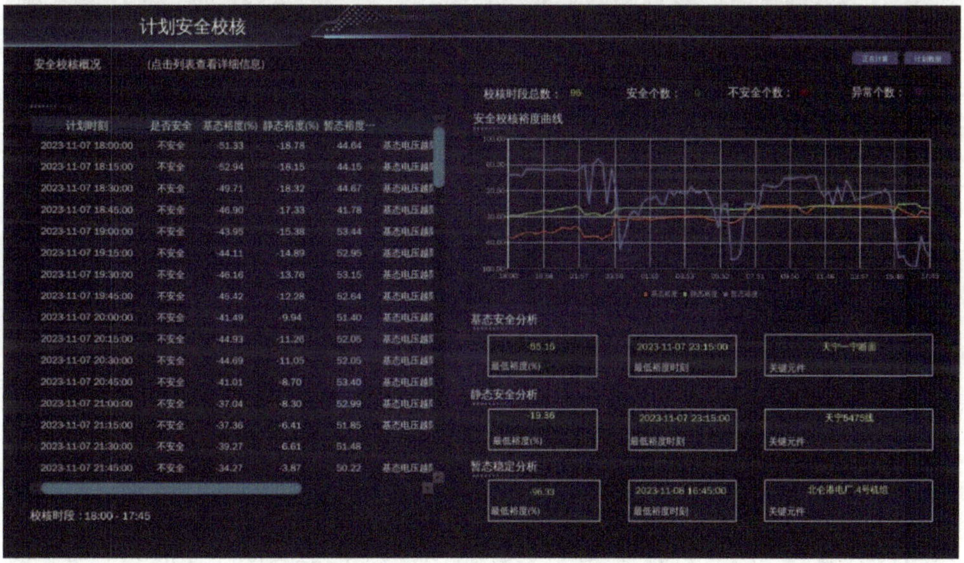

图7-15　日前计划校核功能界面

四、分区发用电平衡实时态

分区发用电平衡实时态实时监视电网统调发电、非统调发电行政分区总加、输电断面和外省受电详细信息，以及分区发用电平衡统计计算电网的负备用、机组上下备用、最大输电能力、总发电、统调发电总和、非统调发电总和、窝电容量、通道功率、通道裕度等结果，功能界面如图7-16所示。

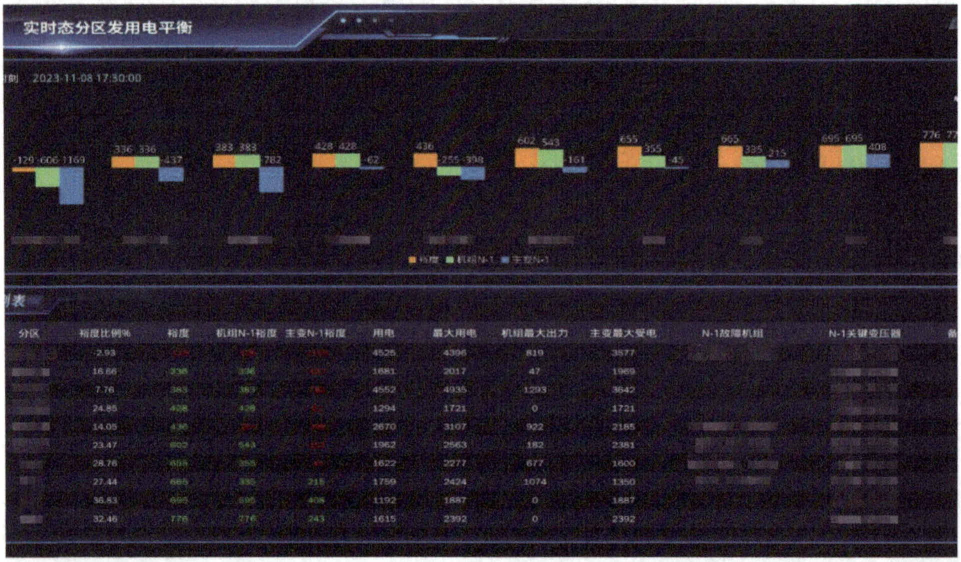

图7-16　分区发用电平衡实时态功能界面

五、分区发用电平衡未来态

在新形势下，为了应对日趋复杂的保供需求，分区发用电平衡未来态基于分区发用电平衡功能，可实现从实时到未来4小时内电网供需平衡情况的在线分析。通过在线计算，评估全省各分区的发用电平衡情况，分析分区内最大出力发电机跳闸、新能源大规模受限、最大下网主变故障等情况下的平衡情况。对于发用电平衡困难的分区，系统会采取自动计算转移负荷、调整开机方式等应对措施，避免分区产生用电缺口，综合省调、地调调节手段来应对分区发用电裕度不足，提前发现并解决供电紧张问题。针对所有的合环通道（线路和母联），逐条合环，校验合环前后负荷转供分区裕度变化情况，为紧平衡下电力保供提供技术支撑，功能界面如图7-17所示。

点击“分区发用电平衡-未来态”，进入未来态分区发用电平衡画面，点击选择的断面时刻，进入未来态电网分区发用电平衡所选分区详细画面，可展示对应供区的裕度、受电、发电、用电等信息。

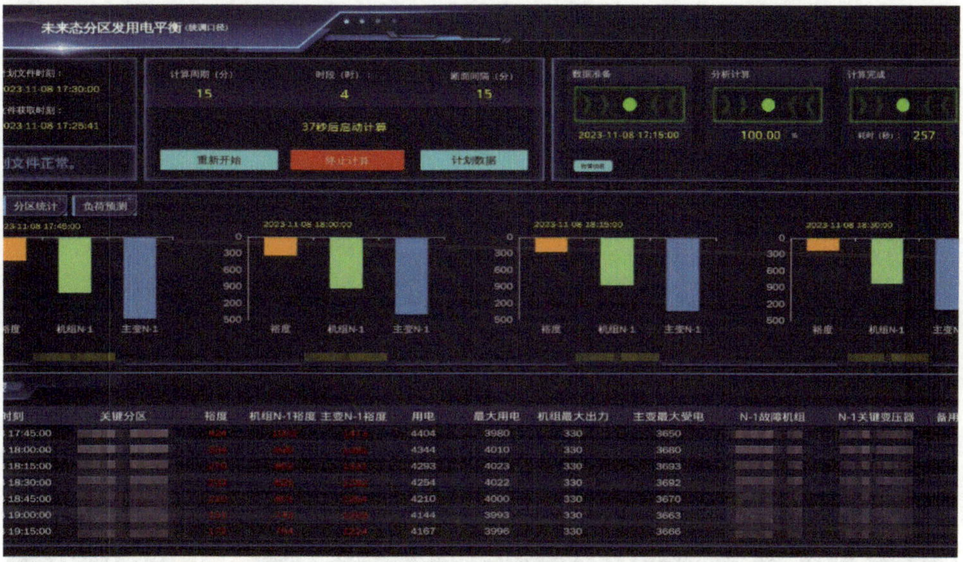

图7-17 分区发用电平衡未来态功能界面

第四节 安全校核

安全校核利用电网模型断面、负荷预测、发电计划、检修计划等数据，对调度计划、预调度等业务场景未来多时段电网进行校核与分析。基于新一代服务架构体系，该功能通过容器动态扩展及多任务提交等技术，充分利用空闲计算资源，实现在日前、日内、实时多时间尺度下多应用场景并发校核计算服务，用以全面支撑大电网对电网未来运行方式的自主预判。

安全校核主页面如图7-18所示，点击计划开始和计划结束时间，输入需要安全校核的时间段，确认需要安全校核的时间区间；点击稳态N-1分析和灵敏度分析按钮，可以选择是否进行稳态N-1分析与灵敏度分析；点击重载门槛值中的数值，可以对设备的重载门槛进行设置。在完成所有必要的设置后，点击“一键计算”，观察运行信息的变化情况，计算结束后画面中间曲线会显示各个时段内的基态和N-1条件下的设备越限情况。

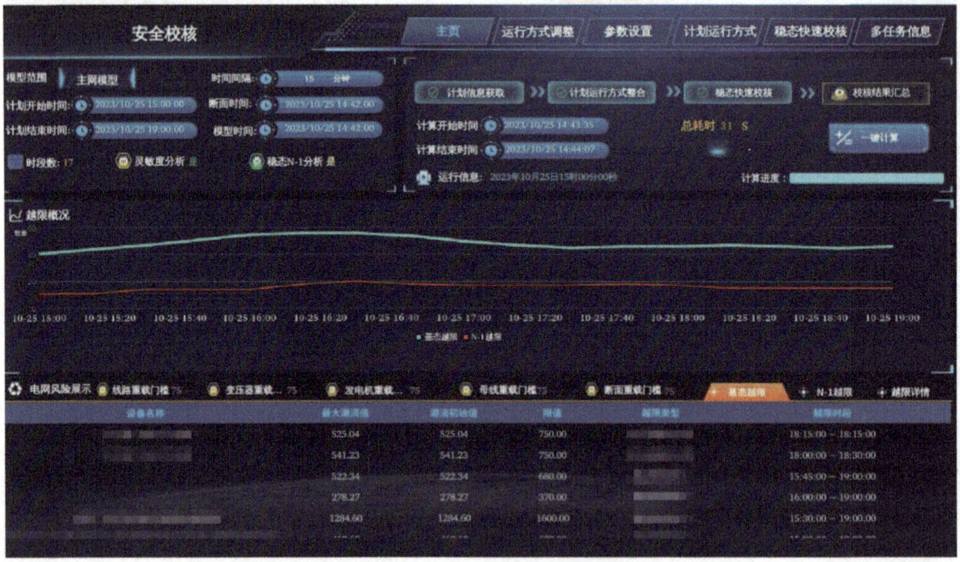

图7-18　安全校核主页面

安全校核功能页面主要包括参数设置、计划运行方式、稳态快速校核和多任务信息等功能模块。

1. 参数设置

参数设置界面如图7-19所示，该功能对安全校核的整体计算逻辑进行全面的参数设置。在基本参数设置区域，可以选择进行潮流分析、灵敏度分析、N-1分析、短路电流计算、风险评估等；在元件扫描设置区域，可以选择线路N-1、变压器N-1、发电机N-1、母线N-1等选项；如选择线路扫描，可以对每条线路的详情进行设置，如CA分析方式、设置越限检验标志、电压等级和所属区域筛选等。

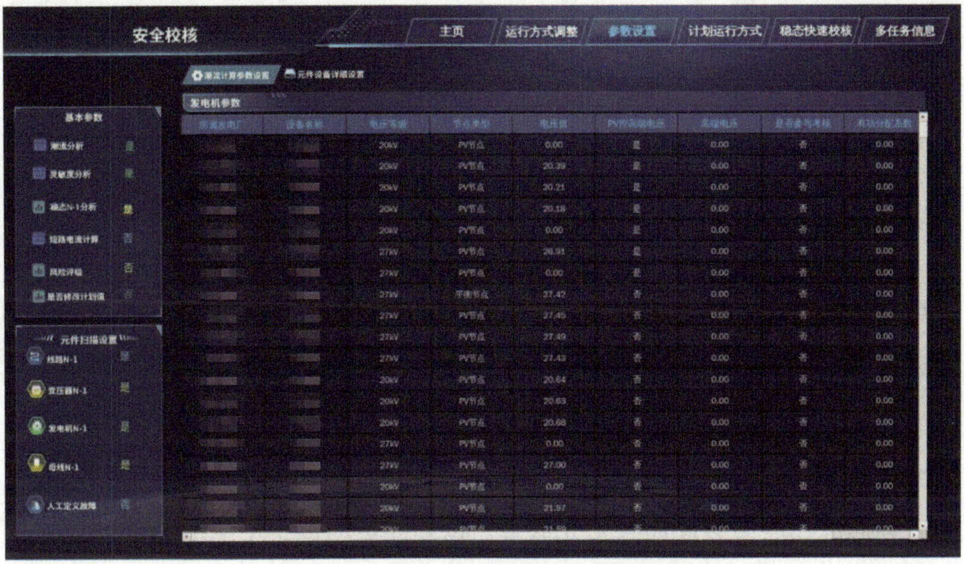

图7-19　安全校核参数设置界面

2. 计划运行方式

计划运行方式功能通过浏览安全校核服务获取计划数据的详细信息，包括机组计划、联络线计划、检修计划、系统负荷预测等。计划值浏览包含机组计划、联络线计划、检修计划、系统负荷预测；同时，计划与校核曲线为校核后的数据与计划数据的对比，便于调试人员进行分析比对。

3. 稳态快速校核

稳态快速校核功能用于展示各个时段的基态校核和N-1校核后的设备越限详细信息，实现在潮流图中定位越限设备。

4. 多任务信息

多任务信息功能界面用于展示安全校核计算的多任务结果，当收到计算请求时，会向服务提交作业（作业号），一个作业包含多个任务号，可以展示最大任务数、最大任务断面数、当前任务数以及各个作业计算进度。

第五节　预调度

预调度功能能够快速而准确地对全网预想事故和未来运行方式变化进行仿真计算，通过分析电网运行风险点，预测电网未来运行态势，实现对调度计划执行、调度操作、设备故障、事故预案、清洁能源消纳、气象灾害等状况下电网运行趋势的定量分析和仿真验证，服务于国分省地调度机构的仿真模拟类场景。

预调度功能主界面如图7-20所示，该功能界面展示了多种事件信息，包括电网事件信息、电网风险信息、实时事件信息、实时越限信息、全省平衡能力、分区裕度等。

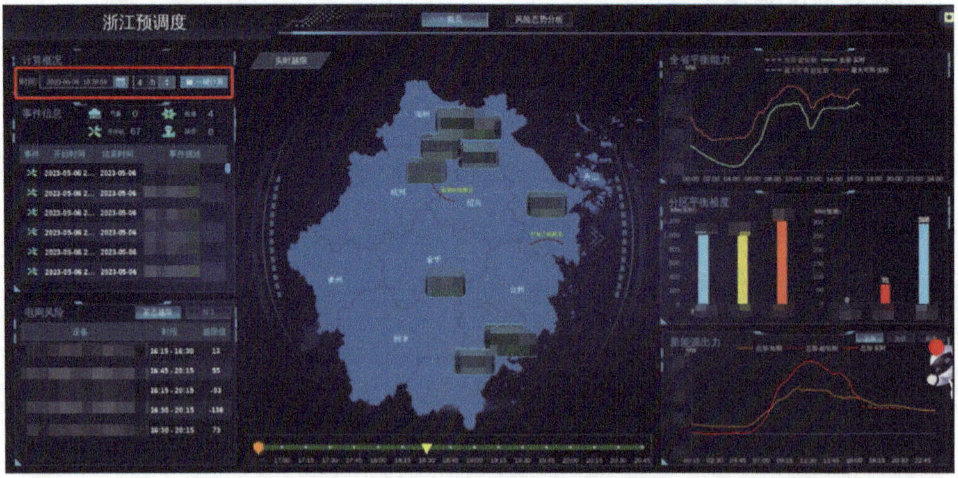

图7-20　预调度功能主界面

预调度后台系统每小时进行一次整点周期计算，同时支持点击画面左上角的“一键计算”手动触发计算。用户可以通过事件信息栏，对预调度分析时段的各种事件进行概览，包括气象信息、检修信息、开停机信息、操作信息等，点击每条信息对应的图标，用户可以直观查看每种事件的具体情况，如台风发生事件、发生概率，设备损坏的概率、机组开停机变化、设备的检修状态变化以及正在进行的操作票流程等具体信息。此外，用户还可以点击“基态越限”和“N-1”按钮来查看不同信息。

通过对电网长过程计算模块的深入分析，预调度可以提供电网发生风险的具体信息，包括基态潮流越限情况和N-1校核风险等。其中，基态潮流信息能反映电网在未来时段可能面临的基态越限风险信息，如设备具体潮流值、限值。N-1的风险信息可以反映电网在未来一段时间内可能存在的静态安全风险信息，如最大开断设备、开断后设备的潮流值，以及存在风险的具体时段、持续时间等。通过多维度分析，预调度系统尽可能全面地向调控运行人员展示电网风险，帮助调度员提前识别和掌握电网的潜在风险。

“实时越限”可以查看调度员关注的实时越限情况，包括断面越限和设备越限；“全省平衡能力信息”可以展示实时与预测的全省最大可用、调度用电数据；“分区裕度信息”可以展示电网实时最小的几个分区平衡裕度及未来4小时内最小的几个分区平衡裕度，此外页面下方还可以展示新能源总结预测数据。

风险态势分析界面如图7-21所示，预调度对不同事件类型的风险进行分类展示，如恶劣天气的风险信息、计划校核风险事件等，点击风险目录中具体的事件名称，可以查看各类型事件的详细信息。

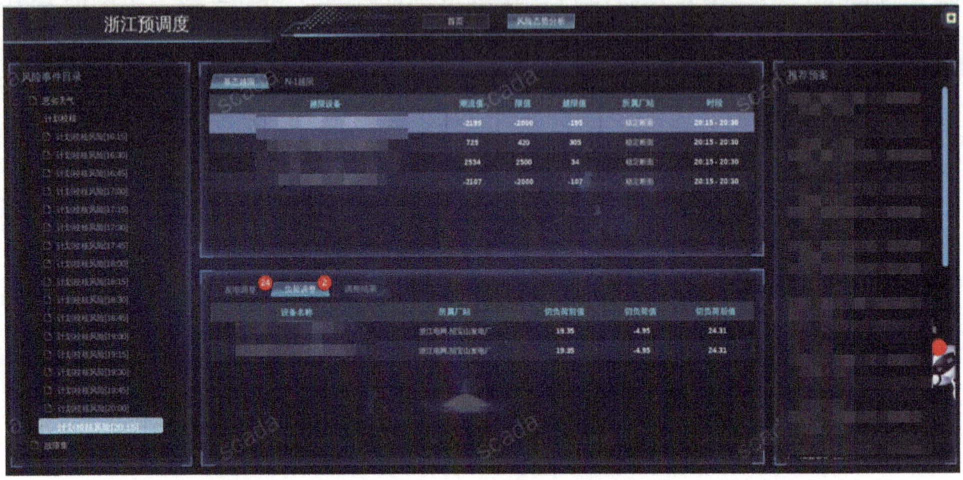

图7-21　风险态势分析界面

预调度系统将为调度运行人员提供各种风险事件对应的辅助决策信息，针对具体的越限设备，系统将推荐相应的应对措施，主要包括发电机调整策略、负荷调整策略，并列出每种策略的调整情况，供调度运行人员参考，单击具体越限设备记录，可查看界面下方展示的对应辅助决策信息。

第八章

清洁能源预测

在水电等传统非化石能源受站址资源约束而增速放缓，以及核电建设逐步向新一代先进核电技术过渡的情况下，新能源逐步成为绿色电力供应的主力军。国家电网通过提升功率预测水平、科学合理配置调节能力、实施智慧化调度等手段，建设清洁能源预测应用，提高新能源发电事先可感知、事中可调节的能力，建立系统友好型电站，为系统提供可靠的电力支撑，从而推动能源消费向全面绿色转型和升级。

第一节　概述

在构建新型电力系统和新型能源体系的过程中，随着大规模新能源和分布式能源的接入，电力系统的调度运行与新能源功率预测、气象条件等外界因素的关联更加紧密，亟须强化新能源资源评估和功率预测技术研究，以提高预测精度、延长预测周期。同时还需要完善调度运行的辅助决策功能，并深入研究极端天气下功率预测技术，以实现源网荷储的协同运行。

基于当前的背景及迫切需求，将开展新一代清洁能源预测类应用建设，基于数值天气预报、新能源实际功率、可用功率和测风测光等数据，利用大数据、深度学习等预测建模手段，实现风电、光伏等新能源在不同时间、空间尺度上的电力和电量的准确预测及后评估，这些应用主要涵盖新能源发电监测、新能源功率预测、重大天气过程预测、新能源运行评估等功能。

第二节　新能源发电监测

新能源发电监测是在调控云获取风电、光伏等新能源电站的遥测、遥信、气象、场站功率预测等实时运行数据的基础上，同步电站装机容量、地理位置、经纬度等基础台账数据，这些数据将处理并存储到数据库中，以支持数据的有效性检查和无效数据过滤、坏数据人工处理和修改。此外，系统还能根据数据源的优先等级，寻找可信数据作为系统显示值、计算分量、报表数据、历史数据等，以实现对全省新能源运行数据的实时监测，同时，将其按照风电、光伏进行分类，从全社会、调度、统调等不同统计口径，实现对风、光出力曲线对比展示和数据分析。

一、电力监测

电力监测页面主要获取风电和光伏两类新能源实时发电数据，并支持历史发电数据的查询和对比展示。在省级层面，从全社会、调度、统调等不同口径获取风电、光伏日发电曲线、月发电曲线、自定义时间段发电曲线，并进行最大出力分析；在地县层面，从全社会、非统调、低压0.4kV等口径，支持多时间维度的查询，并实现最多六条风光曲线的对比分析展示，同时提供所查时间段内的最大和最小出力值。发电出力曲线如图8-1所示。

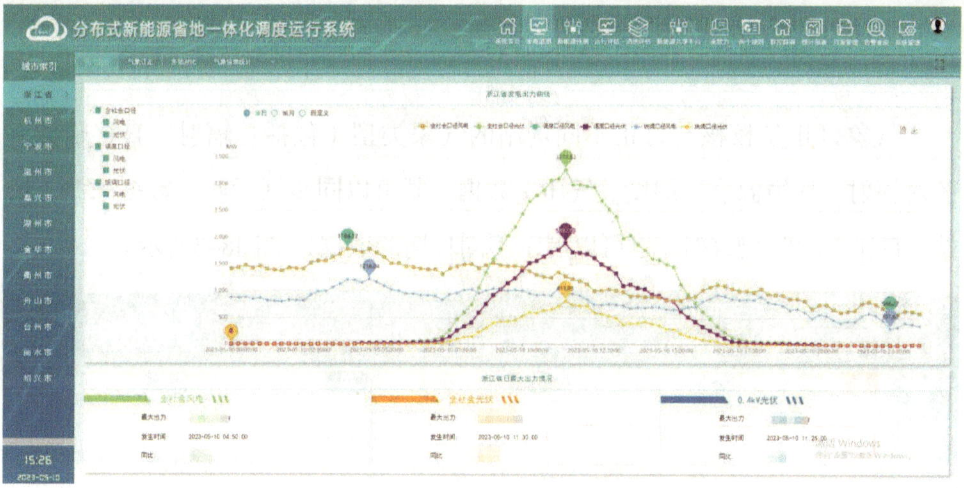

图8-1　发电出力曲线

在城市索引菜单中下，将所有集中式、分布式电站按照行政区域划分到省地市，以展示单个电站装机、地址、调度类型等基础信息。此外，还能获取电站实测和预测的气象数据及电力数据，实现同类电站的多站对比功能，包括气象对比和功率对比两种模式，支持自定义时间段气象、实测功率、预测功率的对比查询。电站运行监测如图8-2所示。

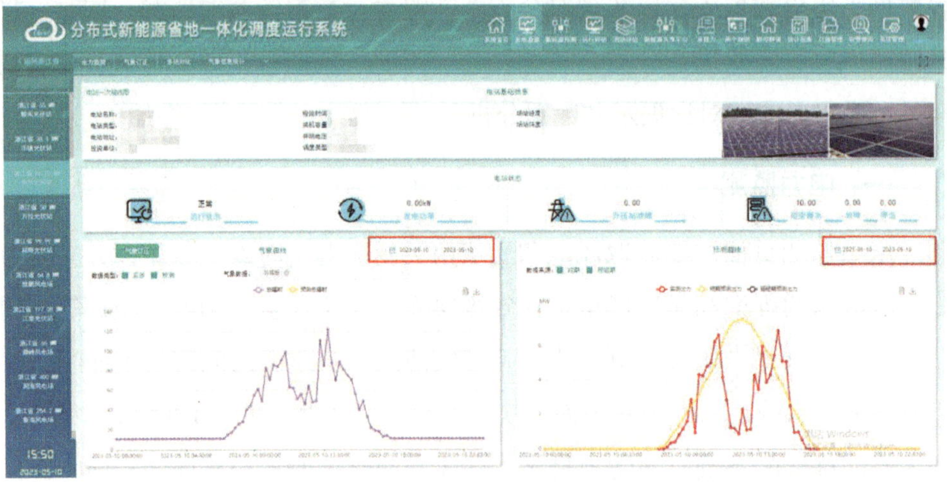

图8-2　电站运行监测

二、气象订正

气象订正是校核与订正不同场站的气象类型（包括总辐射、直接辐射、散射辐射、环境温度、湿度、气压）数据，既可以同步展示两种数据来源（场站、订正）的曲线数据，也可以展示不同日期的数据，如图8-3所示。

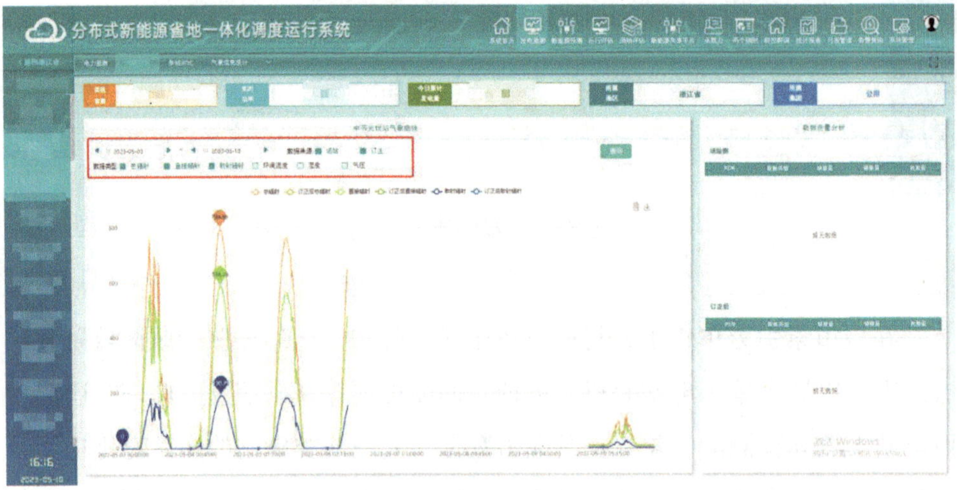

图8-3　电站气象订正

第三节 新能源功率预测

多时空、高精度的新能源功率预测是发电计划、实时调度和市场交易的关键基础。其基本原理是基于气象和数值天气预报数据，结合新能源发电历史数据、实测数据、检修计划、扩容导致的开机容量变化等主要影响因素，通过应用相似日、人工智能等点预测方法或采用基于误差分布拟合的区间预测方法构建新能源发电预测模型，实现多时间尺度的集中式新能源场站功率预测和分布式新能源功率预测，为系统、母线、馈线、台区等负荷预测，地区电网检修计划制订，发电计划编制等提供坚实的数据支撑。

一、集中式新能源功率预测

集中式新能源场站发电预测综合考虑风电场或光伏电站的历史发电功率、气象、检修计划、扩容计划等主要影响因素，实现超短期（未来15分钟至4个小时）、短期（未来1日至3日）、中期（未来1日至10日）等多时间尺度下的集中式场站发电功率预测，同时输出相应的评价指标。

1. 超短期功率预测

超短期功率预测基于集中式新能源场站历史运行数据、超短期气象预测数据、检修计划等，运用相似日分析、人工智能等点预测算法，预测得到未来一段时间内的发电功率波动趋势，再结合当前的实测发电水平，对预测的发电功率波动趋势进行修正，以获得未来0~4小时内的发电功率。超短期功率预测会以15分钟为周期进行更新。

2. 短期/中期功率预测

短期/中期功率预测均利用集中式新能源场站历史运行数据与关键气象影响因素、开机容量的关系，以历史运行数据、关键气象数据、开机容量数据为特征，运用相似日分析、人工智能等点预测算法构建功率预测模型，这些模型不仅能提供预测结果，还能支持自动优化和更新。基于短期/中期数值气象预测结果、检修计划、场站扩容计划，能够预测得到短期/中期功率预测结果。

二、分布式新能源功率预测

分布式新能源发电预测基于分布式新能源历史发电功率、网格化气象、日期类型等数据，运用决策树、神经网络等算法构建分布式新能源发电功率预测模型，实现短期（未来3天）和中期（未来10天）的分布式新能源发电预测，并提供相应的评价指标。预测结果将作为基础服务数据支撑负荷预测（母线、馈线、台区）、发电计划和检修计划。

分布式的功率预测包括地调10kV以上分布式和0.4kV营销分布式。其中，营销分布式新能源发电点预测以发电功率、网格化气象和检修计划数据作为输入，对汇聚到台区、馈线的分布式新能源发电功率进行预测，以支持短期（未来3天）和中期（未来10天）预测。

三、新能源概率预测

新能源概率预测基于大量历史运行数据，通过深入分析历史预测误差，构建在数学上可描述的概率分布模型，基于确定性预测结果，给出不同概率下可能出现的误差范围的估计，主要包括新能源场站和区域的短期和超短期概率预测。短期概率预测如图8-4所示。

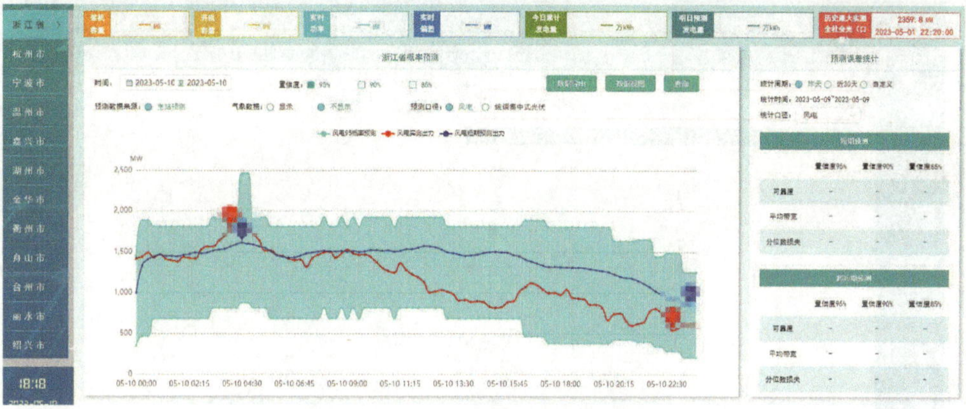

图8-4　短期概率预测

区域超短期概率预测可以展示区域超短期概率预测结果，如图8-5所示。

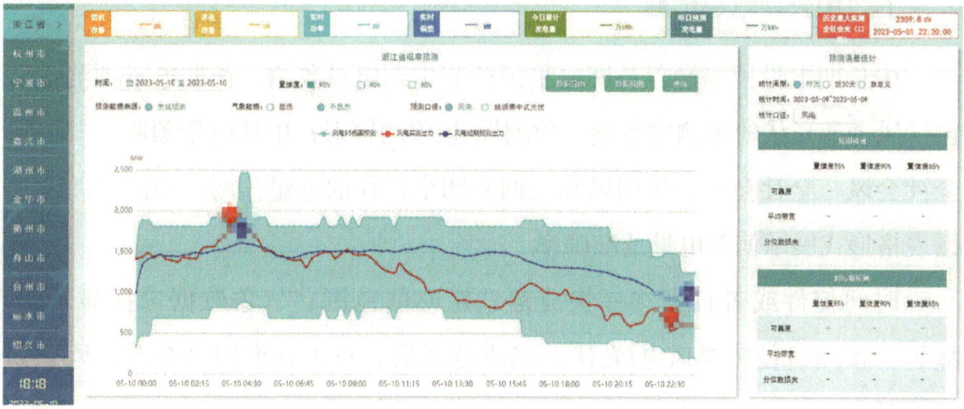

图8-5　超短期概率预测

四、新能源预测评估

全省预测评估报表展示了省调侧/地调侧的短期预测和超短期预测，分别从统调风电、统调光伏、分布式光伏总、调度分布式光伏、营销分布式光伏五个口径进行展示，如图8-6所示。

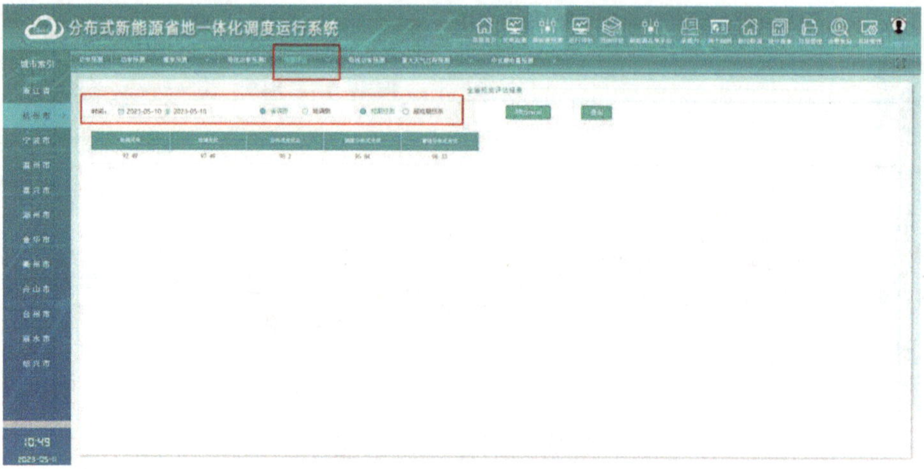

图8-6　预测评估报表

五、中长期电量预测

中长期电量预测涵盖长期电量预测和中期电量预测。长期电量预测主要包括风电和光伏的预测发电量、预测风速/预测辐射；中期电量预测主要包括全社会风、全社会光、统调风和统调光四个口径的电量预测。预测误差统计以表格形式展示偏差电量及准确率。

时间控件或者日期选择快捷键选定时间范围，气象数据选择显示/不显示，预测口径选择风电/光伏，完成选择后，点击查询即可查看结果，如图8-7所示。

图8-7　中长期电量预测柱形

第四节　重大天气过程预测

近年来，我国极端天气频发并呈现常态化趋势，极端天气过程易引发新能源发电和负荷用电的大幅波动，对发电、用电两侧均会产生深刻影响，亟须开展重大天气过程预测。

一、天气过程实况

天气过程实况展示了天气变化的实时情况。通过地图，可以直观地看到光伏/风电场站的分布情况，以及色斑图展示的天气过程情况。页面左侧展示了不同天气类型（高温、强降水、寒潮、台风）的天气过程情况（编号、日期、类型、持续时间、最强等级）。此外，用户还可以上传天气分析专报，生成天气分析专报，全面展示天气过程影响全省比例。柱状图展示天气过程类型发生次数、持续时间、平均强度等级。

通过页面左侧的下拉列表选择天气类型，并指定过程时间，然后点击“查询”按钮，系统将展示所选时间范围内的天气过程。左下方展示天气过程影响全省比例，右侧柱状图展示天气过程类型发生次数、持续时间、平均强度等级，如图8-8所示。

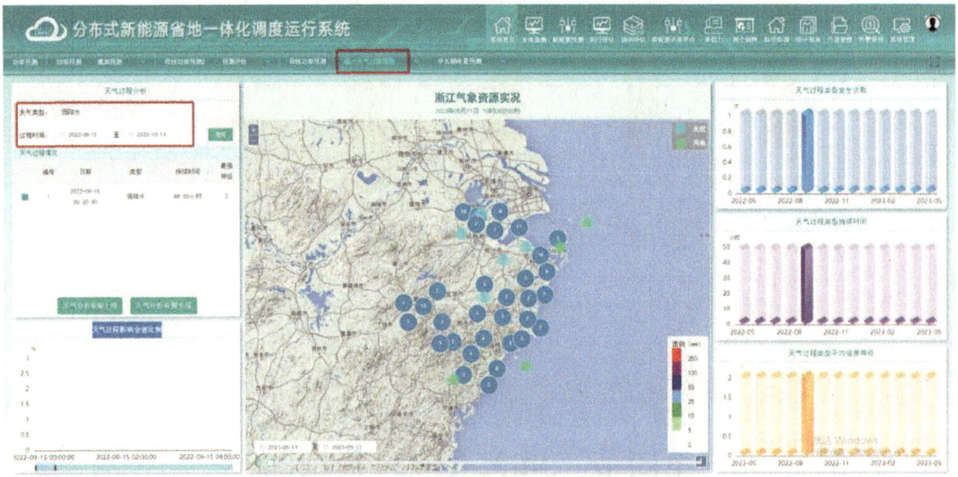

图8-8　天气过程实况

二、天气过程预测

天气过程预测展示了天气过程的预测情况。通过地图，我们可以直观地看到光伏/风电场站的分布情况，以及色斑图展示的天气过程情况。页面左侧详细列出了不同天气类型（高温、强降水、寒潮、台风）的天气过程预测情况（预测过程周期、预测最强等级）。用户还可以上传天气分析专报，生成天气分析专报。此外，系统还会展示预计天气过程影响全省比例，并通过曲线图预测风电/光伏预计新能源出力。同时系统会列出预计受影响的新能源场站数量和装机量以及受影响的城市、场站、装机量、最大影响等级、最大影响发生时间。

页面左上角展示了预计天气过程类型，包括预测过程周期及预测最强等级。左下角展示了预计天气过程影响全省比例。

右上角展示了新能源预计出力，包括风电和光伏的出力预测。右上方可以切换光伏/风电，下方滚动条可以拖动展示不同时间。

右下方展示了预计受影响的新能源场站数量和装机量。右上方可以切换光伏/风电，点击“列表导出”按钮，下方表格中的内容将被导出。

中间地图部分则详细展示了光伏/风电场站的分布情况，色斑图直观反映了天气过程的具体情况，点击下方的“播放”按钮，选择日期，可以动态展示天气过程，如图8-9所示。

图8-9　天气过程预测

三、气象资源分析

通过气象资源分析，了解并展示了不同天气类型（高温、强降水、寒潮、台风）的天气过程情况（编号、日期、类型、持续时间、最强等级）。曲线图展示辐射、风速、温度、湿度、降雨量、地表气压。地图展示光伏/风电场站的分布情况。色斑图展示天气过程（辐射、降雨、温度、风速、湿度）情况。

在页面左侧下拉列表选择天气类型，并指定过程时间，然后点击“查询”按钮，系统将展示所选时间范围内的天气过程，曲线展示辐射、风速、温度、湿度、降雨量、地表气压，如图8-10所示。

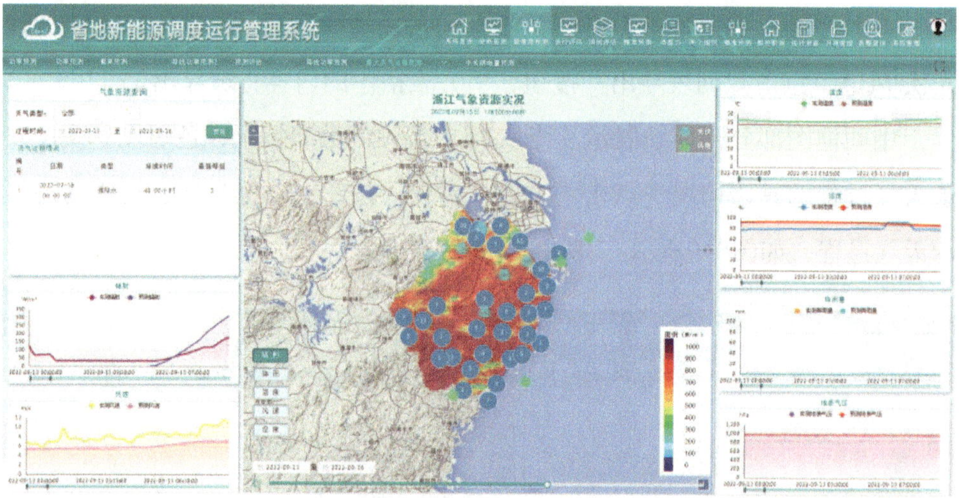

图8-10　气象资源分析

地图展示光伏/风电场站的分布情况，色斑图展示天气过程（辐射、降雨、温度、风速、湿度）情况，选择地图下方的日期，然后点击“播放”按钮，可以动态展示色斑图情况。

四、出力影响分析

出力影响分析详细展示了实测新能源出力、预测新能源出力曲线图；新能源出力影响分析，包括光伏/风电的新能源最大出力爬坡率、最大出力爬坡发生时刻、最大影响波动幅度、最大影响波动幅度发生时刻、天气过程影响阶段预测精度偏差；受影响的新能源场站的数量和装机量；列表展示受影响的城市、场站、装机量及发生时间，如图8-11所示。

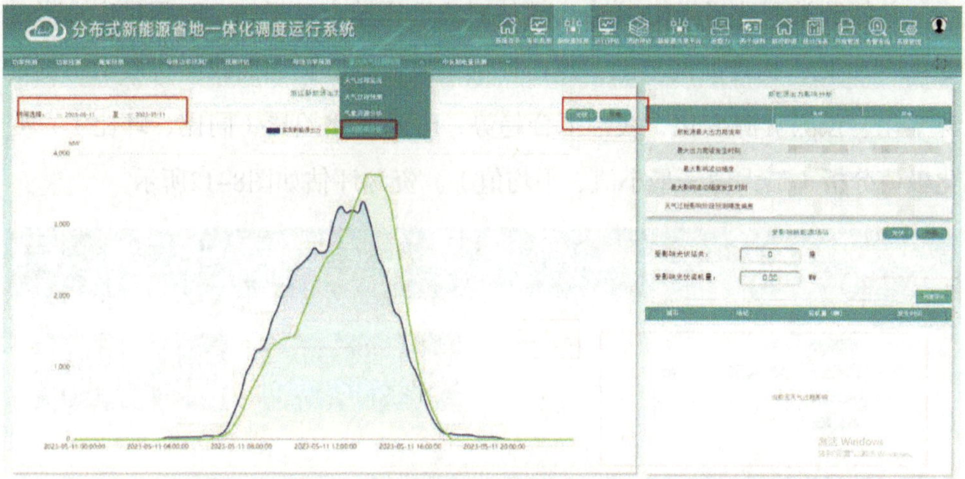

图8-11　重大天气过程出力影响分析

第五节　新能源运行评估

当前，在新能源尤其是分布式光伏的运行管理中，存在监测数据缺失、预测精度不高、可控裕度小等问题，增加了综合管理难度，为了应对这些问题，亟须从资源相关性分析、新能源消纳、出力特性分析等角度开展运行评估，以进一步提升区域和分区新能源电站的全景感知、功率预测、系统平衡、聚合调控等综合水平。

一、资源评估

资源评估提供了对风光场站的风资源/太阳辐照资源情况的详细展示。曲线展示历史资源变化、预测资源变化、线性拟合趋势，时间对比差异（同比、环比），变化极值分析（最大值、最小值、平均值）。文字描述则进一步阐述了资源的强弱特征及变化趋势。

新能源类型选择光伏/风电，评估对象选择城市、场站，时间尺度选择月变化/年变化，指定时间范围，点击评估结果查询。页面曲线图将展示历史资源变化、预测资源变化、线性拟合趋势，时间对比差异（同比、环比），变化极值分析（最大值、最小值、平均值）。资源评估如图8–12所示。

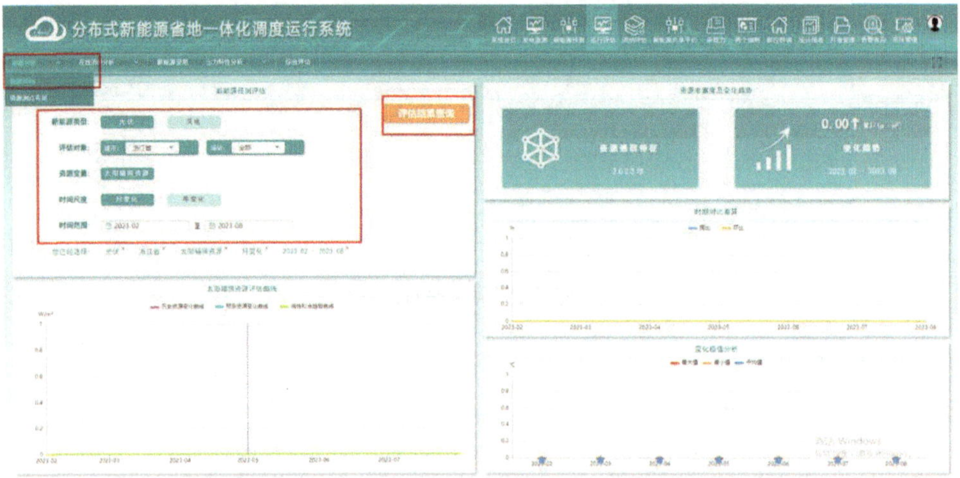

图8–12　资源评估

二、新能源消纳

根据新能源资源评估结果、区域电网用电预测数据、电力电量交易计划等信息，在符合电网网架约束、机组电量约束、外送通道约束、储能及分布式电源发电等边界条件下，进行周尺度上的常规机组启停方式优化，计算各区域的新能源消纳情况，为制订新能源周计划边界提供参考。利用电网和新能源的历史运行数据，回算新能源的消纳过程，评价新能源的调度运行过程。新能源消纳能力分析包括分析场景生成、新能源在线消纳能力评估、新能源周消纳策略分析和新能源消纳过程回算。

1. 基础信息

点击“基础信息”按钮进入页面，如图8–13所示。基础信息表单共四项，分别为区域、电厂、机组、联络线，这些是参与在线消纳和模拟仿真计算所需的基础数据，支持增删改查，每个场景创建时已对数据做了初始化，一般无须修改。

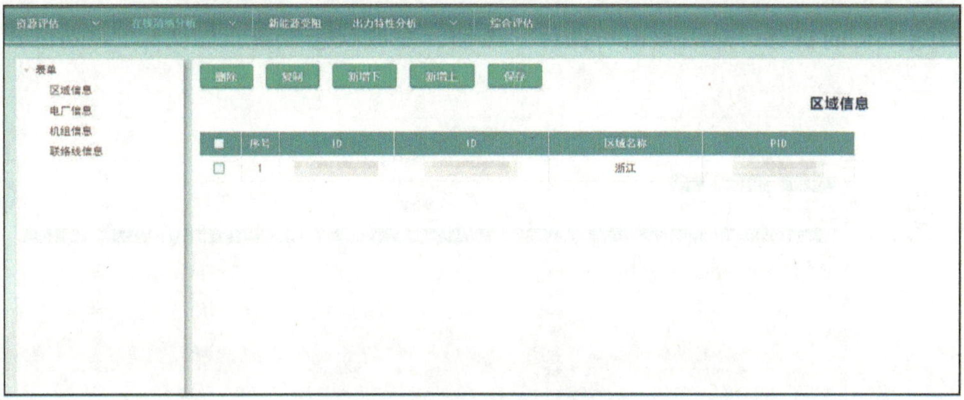

图8-13　基础信息

2. **场景设置**

点击“场景设置”按钮进入页面，如图8-14所示。页面显示了四类场景，分别对应四种场景类型，其中“在线”“周消”“年回”场景类型应用功能属于“运行评估”类，“极端天气”场景类型应用功能属于“新能源运行模拟仿真”类。

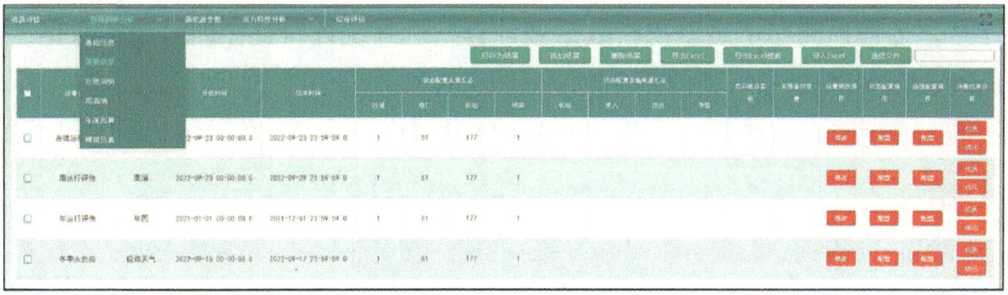

图8-14　场景设置

3. 状态配置

点击场景的“状态配置”按钮，在弹窗中设置场景的基础信息，通常，每个场景在创建时都会自动初始化数据，因此一般不需要修改。如果需要修改，可以勾选一行或多行，点击“批量启动”或“批量停止”按钮，批量修改选中行的状态，然后点击“保存”按钮，完成状态配置，如图8-15所示。

图8-15　状态配置

4. 曲线配置

点击场景的“曲线配置”按钮，在弹窗中配置计算所需的曲线。左侧功能选择可以选择“实测功率”或“预测功率”，选择实测功率是以实测数据计算，选择预测功率是以预测数据做计算，选择统计口径，即可预览数据，如图8-16所示。

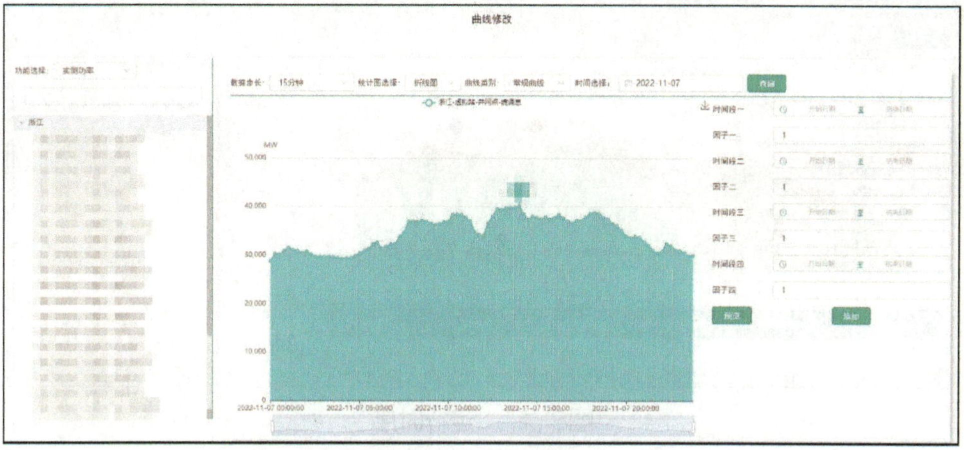

图8-16　曲线配置

点击“添加”按钮，可选择实测或预测数据来构建场景曲线，系统将自动填充场景名称，选择区域名称，输入曲线名称，并选择曲线类型，每个场景必须选择“交换功率曲线”“区域负荷曲线”“区域风电曲线”“区域光伏曲线”这四种曲线类型的一个。

场景计算具有 “仿真”和“优化”两个功能，对于模拟仿真类场景，应使用“仿真”功能；对于其他三类场景，应使用“优化”功能。点击“计算”按钮后，后台开始调用场景曲线的数据进行计算，并在计算完成后弹窗提示。

5. 场景结果

点击“在线消纳/周消纳、年度回算/模拟仿真”菜单，进入模拟仿真结果查询页面，选择场景，显示场景的运行时序，如图8-17所示。

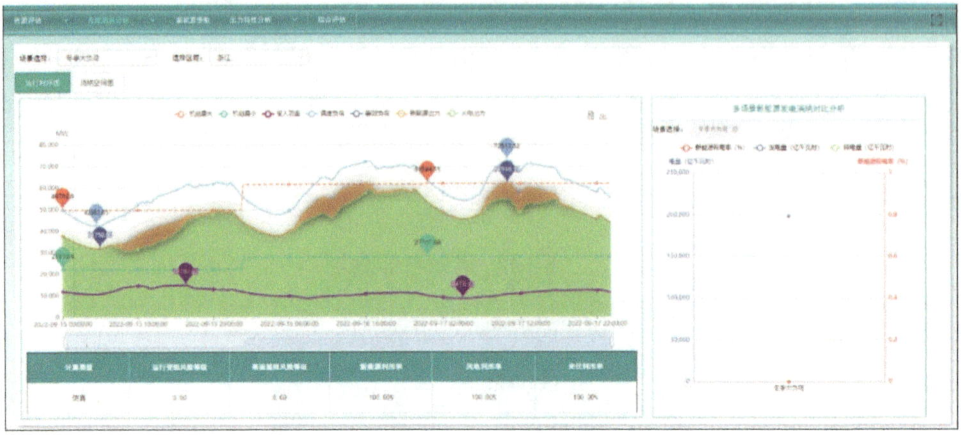

图8-17　运行时序

三、新能源受阻

利用各场站及气象设备收集的历史观测数据，结合年度资源预测和新能源电量预测，能够计算出理论功率和可用功率，考虑新能源并网、线路建设等情况对新能源的弃风弃光情况进行量化预评估；考虑理论发电能力、可用发电功率及网架约束等因素，以准确分析各场站、地区及全网的弃风、弃光电量，剖析制约新能源消纳的因素，如图8-18所示。

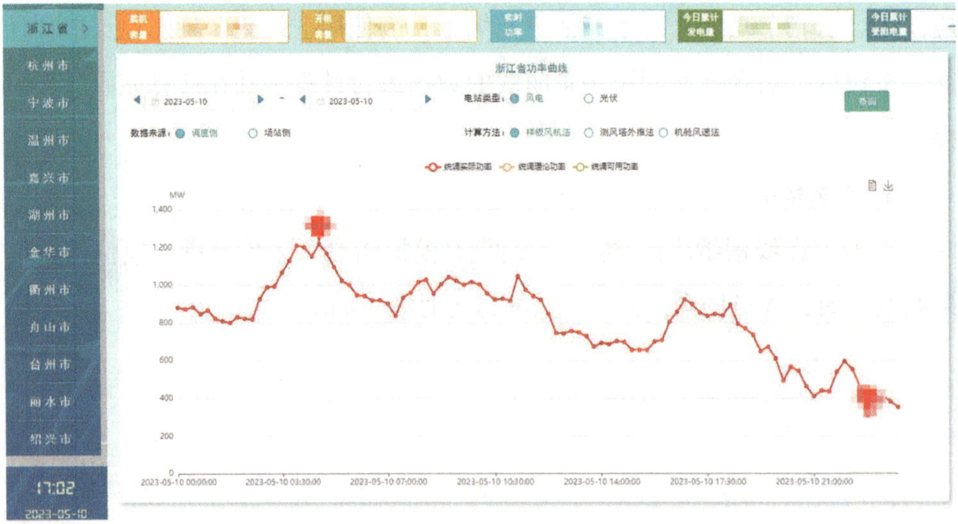

图8-18　理论功率与实际功率对比曲线

四、出力特性分析

按月度、年度的时间维度，统计全省及各地市风电和光伏的装机容量、发电量、利用小时数、最大出力、最大同时率、出力变化幅度等关键数据，并分析最大同时率的概率分布情况，如图8-19所示。

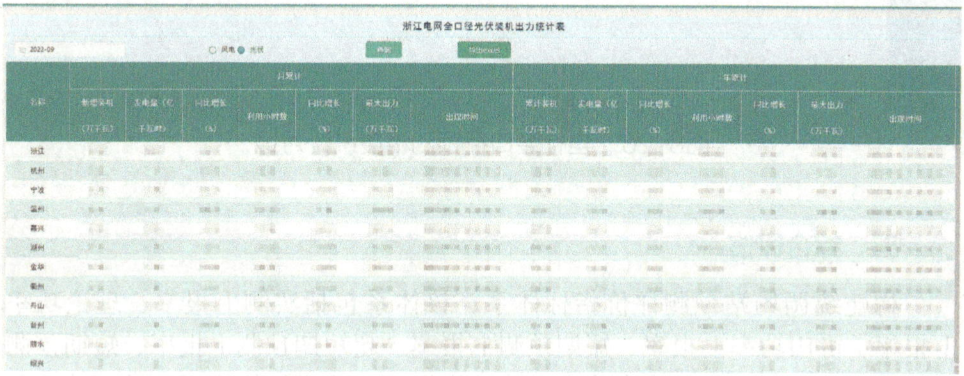

图8-19 风电/光伏装机出力统计报表

电力电量多维度分析通过统计报表形式对省、地市、场站最大功率、最大功率出现时间、最小功率、最小功率出现时间、平均功率、日发电量、预计电量等数据进行综合分析和展示。运行报表分为日报表和月报表。

计算全省或各地市全社会口径风电、光伏超短期（第16个点）、短期（主站侧、地调侧）、中期（第7天）每日的预测准确率，根据各指标的合格水平，标记不合格的点，以红颜色区分显示，并统计平均值、最大值、最小值，如图8-20所示。

图8-20　全社会口径预测精度统计月报

五、综合评估

构建统调场站预测评价指标体系，该体系包括实测上报率、理论功率上报率、可用功率上报率、短期预测上报率、超短期预测上报率、短期预测准确率、超短期预测准确率等多个关键指标，这些指标构成了场站评估的基础，为每个指标设置相应的评价权重，通过这些权重计算各场站自年初以来的数据综合评分，以此反映各场站的数据质量水平，如图8-21所示。

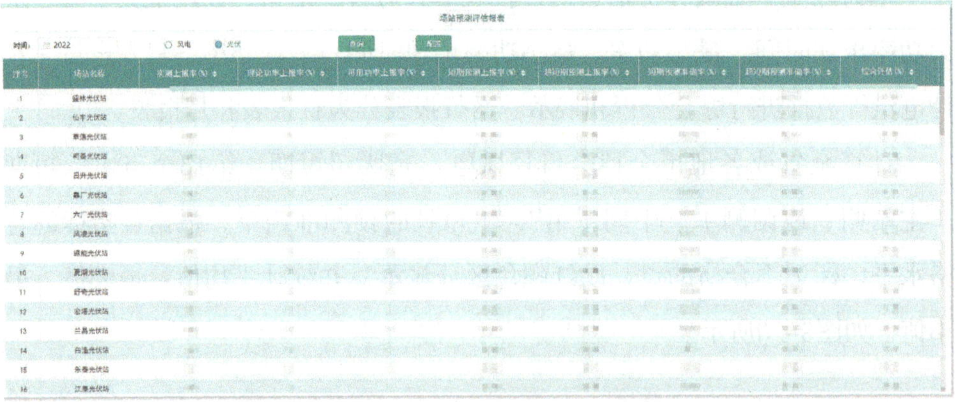

图8-21　场站预测综合评估报表

点击“配置”按钮，展示当前各项指标的评价权重，如果需要调整权重，可点击“编辑”按钮，编辑指标权重值，完成修改后点击“保存”按钮，完成配置操作。

第九章
计划市场

计划市场类应用旨在为电网生产组织业务提供技术支撑，支持市场信息披露与电力监管，实现“两级市场、三级调度”的高效协同运作；融入全网一次和二次能源信息，构建国、网、省发输电及检修计划一体化优化决策功能体系，实现全网电力电量统筹平衡、检修安排统筹优化；通过全网一体化安全校核和越限校正，可以显著提升安全风险预控能力。

第一节　概述

计划市场类应用旨在实现高精度的负荷预测，并构建一个全周期滚动、跨区域统筹、源网荷储协同的电力电量平衡体系，以支撑计划与市场模式下的电力资源时空优化与全局共享，促进清洁能源跨省跨区消纳和推动电力现货市场建设。计划市场类应用涵盖了多种关键功能，包括负荷预测、调度计划（发电计划、检修计划等）、现货市场（日前、实时）等，总体架构如图9-1所示。

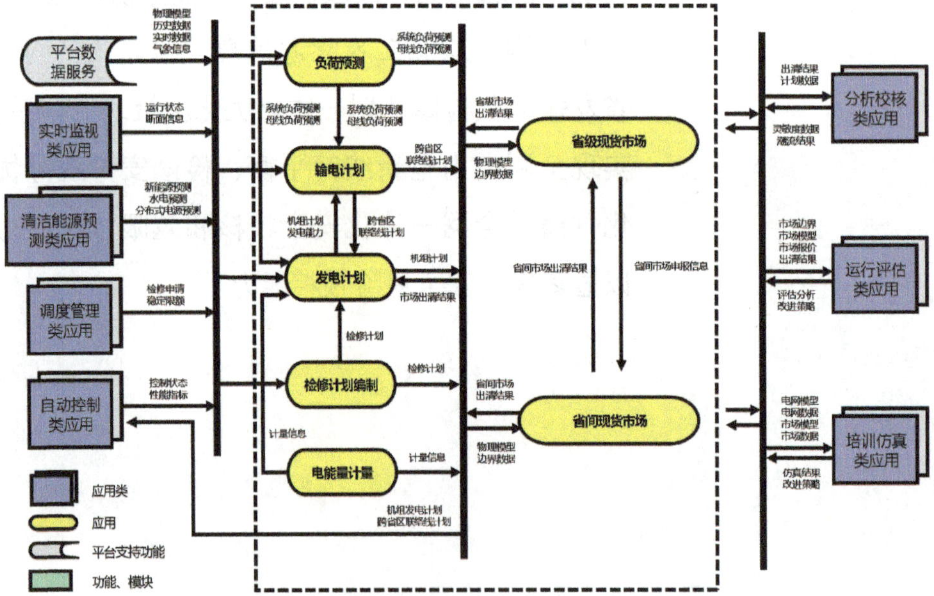

图9-1　计划市场类应用总体架构

第二节　负荷预测

新一代系统汇聚气象等多源异构数据，充分挖掘温度累积效应、节假日以及特殊天气等因素对全社会负荷的影响，建设省地协同精细化负荷预测功能。同时，结合全县光伏推进新业态，开展县域全社会负荷人工智能预测，缩小预测颗粒度，实现对全市负荷变化在县域层面更精细的追溯。图9–2为新一代负荷预测功能首页。

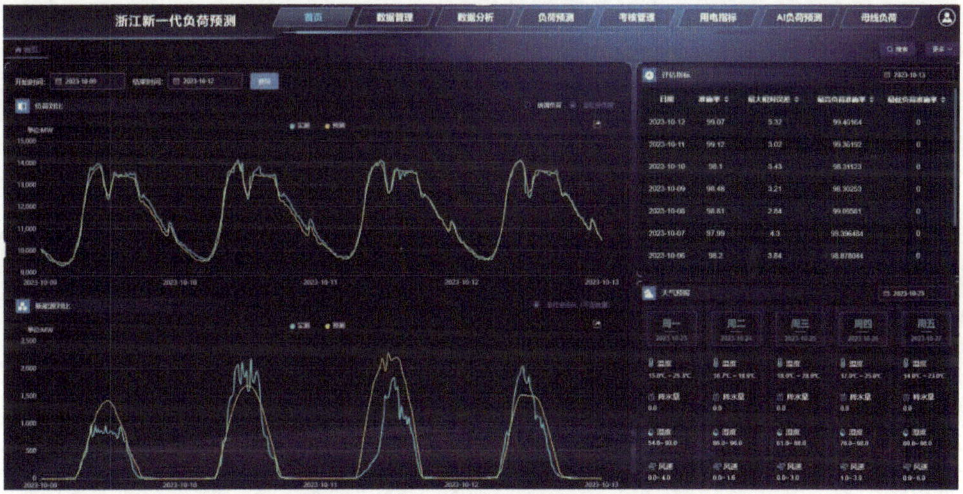

图9–2　新一代负荷预测功能首页

一、数据管理

数据管理包括负荷浏览、天气对比浏览等功能，详细展示了各地区的全社会口径负荷、统调口径负荷、含分布式光伏负荷的实测曲线与计划曲线和计划偏差曲线与计划偏差率。同时，还支持查看各地区的温度、湿度、降水量、风速等实测和预测曲线以及数据更新时间，包括接入省气象、墨迹、辰青等气象数据，并实现天气数据切换。通过多源网格化的气象数据接入，实现了多源天气数据的对比展示，通过分析不同天气数据源的准确性，选择最佳天气数据提高负荷预测的准确性。负荷浏览如图9-3所示。

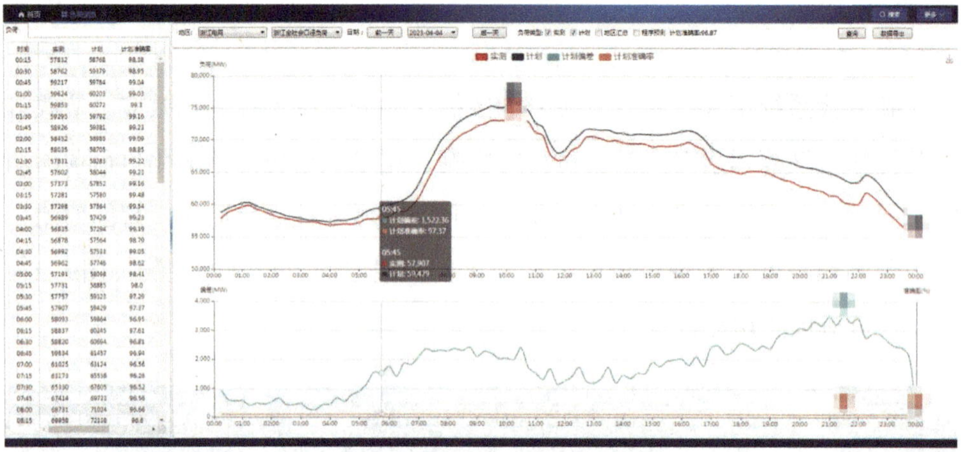

图9-3 负荷浏览

二、数据分析

数据分析包括系统负荷分析、相似日分析、日准确率对比查询、峰谷负荷分析、全省负荷热力图分析等。系统负荷分析展示一段时间内各地区的含分布式光伏负荷、统调口径负荷、全社会口径负荷的实测曲线与计划曲线。相似日分析根据推荐相似日生成相似日曲线与目标曲线，分析目标日与相似日的日期、日类型、最高气温、最低气温等影响因素，列出相似日负荷，全面展示历史负荷特性，结合负荷增长率，为负荷特性分析提供帮助。日准确率对比查询通过比较日实测曲线、程序预测曲线、人工预测曲线对比分析展示程序预测和人工预测的准确率，为负荷预测工作提供多维度支撑。峰谷负荷分析通过分析各地区的统调口径负荷、全社会口径负荷的日期、早峰实际值、早峰出现时间、晚峰实际值、晚峰出现时间、低谷实际值、低谷出现时间、腰荷实际值、腰荷出现时间等详细信息来开展对省、地、县的峰谷负荷分析。全省负荷热力图通过各地区未来14天负荷高峰占比以及90%尖峰负荷统计，全面了解全省的供需情况，帮助在迎峰度夏、迎峰度冬期间提前掌握各地区的未来负荷情况，如图9-4所示。

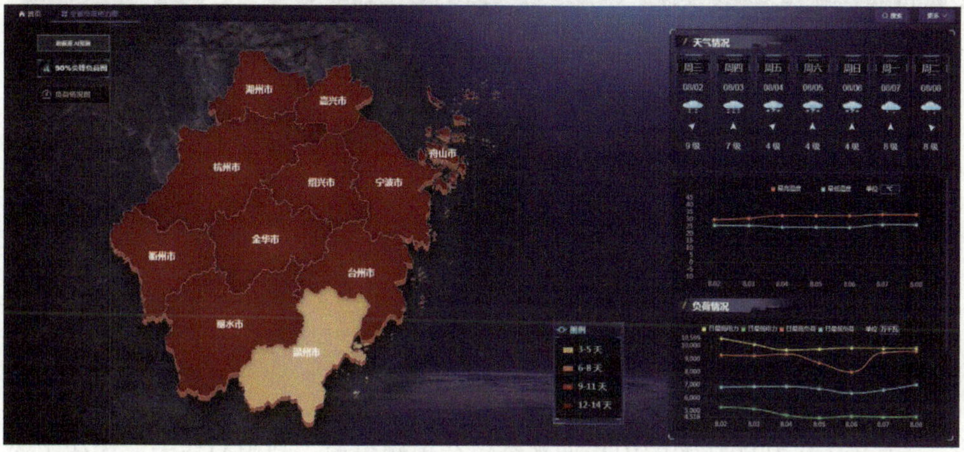

图9-4 数据分析

三、考核管理

考核管理涵盖了地区负荷上报，年、月、日考核指标体系构建及月度竞赛。地区负荷上报主要展示各地区电网的网供负荷和全社会负荷上报时间等信息，同时省调设定上报截止时间，对各地区的数据上报情况进行考核。年、月、日考核指标体系建立是按照国网负荷预测工作建设的要求，构建多时间维护、多级协同的指标考核体系，通过计算各地区的网供负荷确准率、网供负荷最低准确率、全社会负荷准确率、全社会最高负荷准确率、加权准确率等信息，分别对地区年、月、日的平均指标进行考核，此外，还建立省、地、县三级考核体系，以全面落实国网要求的负荷预测建设工作。月度竞赛通过计算各地区电网每月每天的准确率以及月平均负荷预测上报准确率，对各地区月度平均准确率进行排名，以此建立各地区负荷预测工作奖励体系，考核管理如图9-5所示。

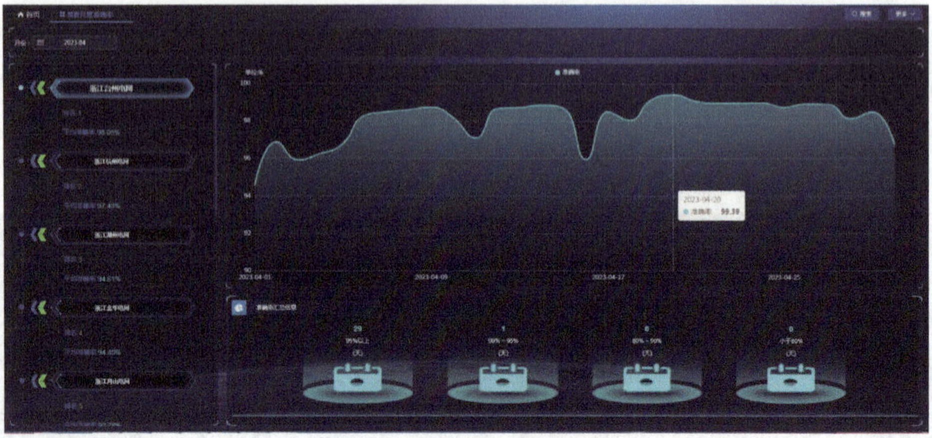

图9-5　考核管理

四、AI负荷预测

基于人工智能技术的中长期系统负荷预测模型，利用AI技术，构建了深度的时序神经网络AI预测模型，分析历史天气数据、历史负荷数据，进行中长期系统负荷预测。图9-6为AI深度学习的过去三天实测负荷及未来七天的预测负荷浏览界面，利用各类历史数据、采用全数据分析方法，结合相关性分析和概率性分布分析，深入探究影响电力变化的内在规律，建立电力预测模型，并分析电力的变动规律，从而为未来中长期电力需求提供平衡预测。

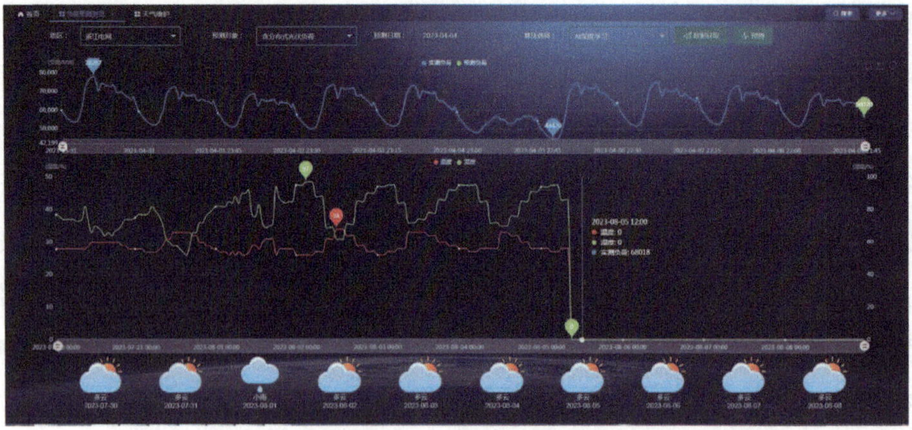

图9-6　AI负荷预测

第三节 调度计划

一、日前发电计划

日前发电计划基于既定的机组开停计划、负荷预测、清洁能源计划、跨省区输电计划、日前电力交易、可调度负荷调度规则等信息，同时考虑系统平衡、机组运行、电网安全等约束条件，支持三公调度、系统购电成本最低、节能发电调度、清洁能源消纳最大化等优化目标，完成个别常规机组及LNG快速启停机组的组合优化以及机组和可调度负荷的出力计划制订。在具备准确负荷预测数据的基础上，日前发电计划功能能够用于制订次日至未来多日的机组组合计划和出力计划，日前发电计划的时段间隔为15分钟，每日起止时间为00:15至次日00:00，能够自动生成机组组合计划和机组出力计划。在计划编制过程中考虑输电断面安全约束、指定输电元件安全约束、基态安全约束和N–1安全约束，支持对日前发电计划进行基态潮流校核和N–1安全校核，如图9–7所示。

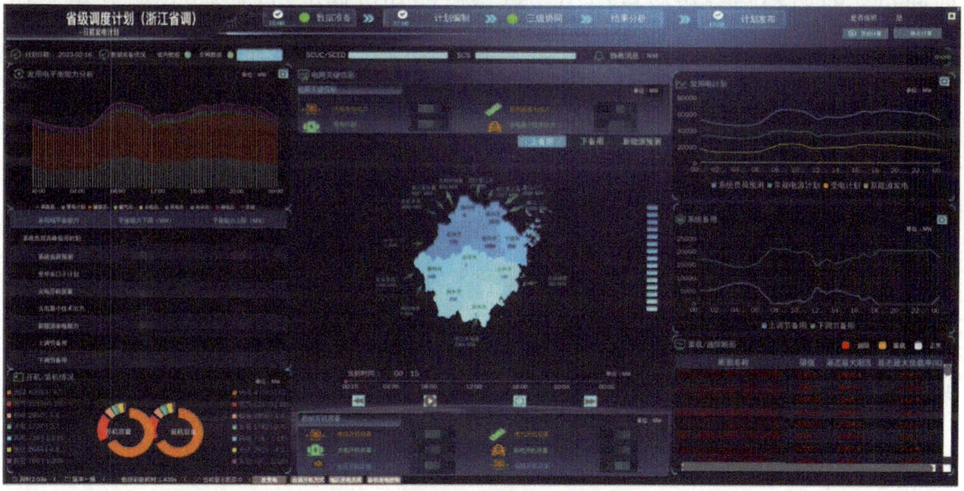

图9–7　日前发电计划总览

1. 日前发电计划总览

日前发电计划总览页面主要展示省级日前发电计划总体流程、关键计划编制结果、系统平衡与备用、重载越限断面等信息监视。

2. 计划编制方式

省级调度中心计划编制人员利用该功能进行日前发电计划的编制工作，主要流程包括：接收分中心下发的预联络线计划；接收电厂数据申报，完成计划日负荷预测，获取水电计划、新能源计划等边界数据；完成预计划编制并上报分中心；完成跨区现货的申报及校核；完成跨区现货出清；接收分中心下发的正式联络线计划；编制次日正式发电计划并向横纵向调度或系统发布。

3. 安全约束发电计划编制

安全约束发电计划编制依托于SCUC（安全约束机组组合）和SCED（安全约束经济调度）的核心算法，综合考虑系统平衡、电网安全、机组运行等约束条件，支持三公调度、系统购电成本最低、节能发电调度、清洁能源消纳最大化等优化目标，优化编制计划日颗粒度为15分钟的机组计划。

4. 源网荷储协同优化

为了解决大规模新能源发展带来的灵活调节能力不足问题，日前发电计划通过实时监控与分析校核应用，整合储能和可调度负荷等负荷侧建模与监视信息，并将其纳入日前电力电量平衡范围。分析可调度负荷调节特性及并网挂接关系，获取拓扑和灵敏度信息，增强调控能力，推动调控模式从“源随荷动”向“源网荷储协同互动”的转变。

5. 数据逻辑

日前发电计划功能通常部署在生产控制大区，通过文件、服务、数据库等方式与相关应用或系统进行数据交互，交互的数据主要有短期系统负荷预测、短期母线负荷预测、联络线详细计划等。

6. 校核潮流结果

日前发电计划结果分析页面主要展示断面设备组成、潮流曲线和详细潮流、上下限值、该断面的正反向灵敏度的机组、机组对该断面的灵敏度大小信息。

二、日内发电计划

日内发电计划依托于最新外部条件，在日前发电计划的基础上，综合考虑系统平衡、电网安全、机组运行约束、负荷运行约束，滚动编制未来4~8小时的机组及可调度负荷日内计划，提供给调度日内较长一段时间内的电网未来运行态势感知，在省内资源用尽的情况下，还可以将日内调峰需求发送至区域调峰辅助服务市场系统进行竞价出清，通过调整联络线计划来实现全网资源的协调共享。

1. 日内发电计划总览

日内发电计划业务流程主要包括计算触发、数据获取、数据校验、初始计划编制、安全约束计划编制、计划确认和计划下发等，如图9-8所示。

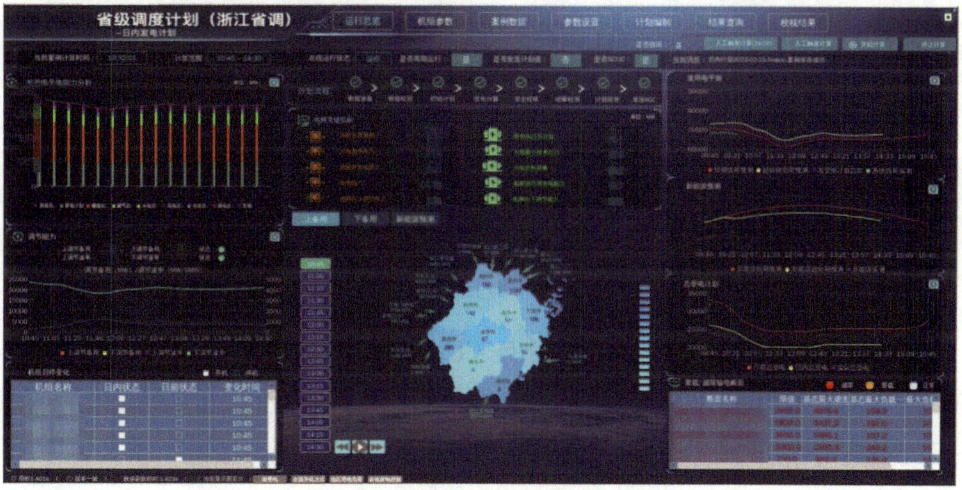

图9-8 日内发电计划总览

2. 数据获取

日内发电计划通过基础平台从其他应用获取各类所需数据，主要包括状态估计后的电网实时运行断面、计算周期内的超短期系统负荷预测、计算周期内的超短期母线负荷预测、机组AGC参数、未来联络线计划、稳定限额计划、临时检修计划、机组可否可调等影响计划分配的参数指标以及固定出力计划、新能源超短期预测结果、日前发电计划、机组调整范围、系统备用需求。

3. 安全约束计划编制

在获取数据并验证通过后，依据获取的最新负荷预测、发电计划（包括固定出力计划）、联络线计划，并参考机组计划跟踪模式确定机组的基础计划，按照偏差分配原则，计算日内发电计划，作为期望发电计划。日内发电计划优化算法在考虑系统平衡约束、机组运行约束，以及指定的电网安全等各类约束条件的基础上，旨在编制目标函数最小且满足电网安全约束的发电计划，包括快速启停机组的启动和停止方式以及各时段的发电出力。

4. 校核潮流结果

日内发电计划校核结果展示断面/线路/变压器设备组成以及潮流曲线、详细潮流数据和灵敏度等信息。

三、实时发电计划

1. 实时发电计划总览

实时发电计划基于滚动预测和计划信息，在当前电网运行状态的基础上，综合考虑系统负荷平衡约束、电网安全约束和机组运行约束，采用考虑安全约束的优化算法，连续编制未来15分钟之后的1个小时5分钟间隔发电计划。

实时发电计划的编制流程主要包括计算触发、数据获取、数据校验、初始计划编制、安全约束计划编制、计划确认和计划下发等关键步骤，如图9–9所示。

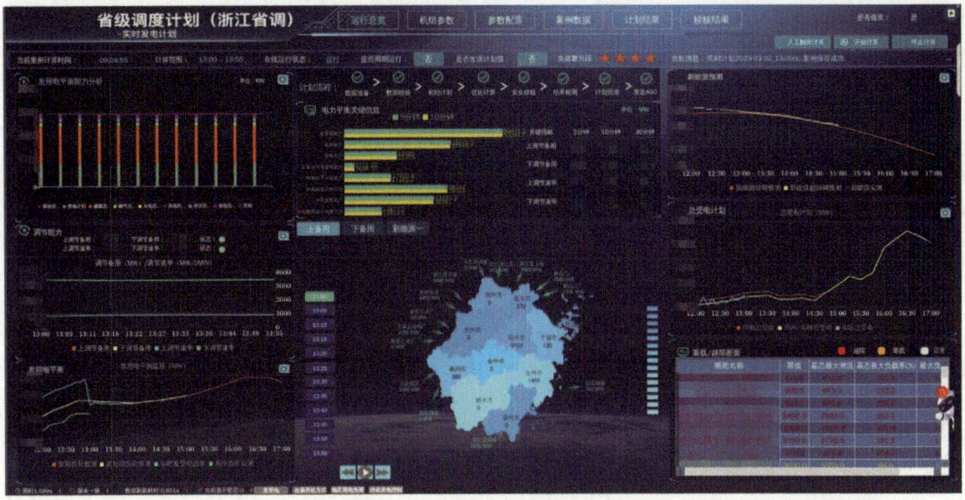

图9-9 实时发电计划总览

2. **数据获取**

实时发电计划通过基础平台从其他应用中获取各类必要的数据，主要包括状态估计后的电网实时运行断面、计算周期内的超短期系统负荷预测、计算周期内的超短期母线负荷预测、机组AGC参数、未来联络线计划、稳定限额计划、临时检修计划、固定出力计划、新能源超短期预测结果、日前发电计划、日内发电计划、机组调整范围、系统备用需求。

3. **安全约束计划编制**

依据获取的最新负荷预测、发电计划（包括固定出力计划）、联络线计划，并结合机组计划跟踪模式来设定机组的基础发电计划，按照偏差分配的原则，计算出实时发电计划，将其作为期望发电计划。实时发电计划的优化算法需要在考虑系统平衡约束、机组运行约束，以及指定的电网安全等各类约束条件的基础上，编制目标函数最小且满足电网安全约束的发电计划，该计划包括快速启停机组的启动和停止方式以及各时段的发电出力。

四、中长期检修计划

中长期检修计划编制主要服务于检修计划的相关业务，评估设备检修停运对电网安全、电力平衡以及清洁能源消纳的影响，确定可以安排设备停电检修的时间区间，对各类待检修停电设备进行综合优化，以降低检修停电对电网运行造成的负面影响，为检修计划流转审批提供决策支撑。中长期检修计划编制包括年度、月度、周检修计划编制，各周期检修计划编制包括停电窗口期、停电组合优化等功能，见图9-10。

检修计划审核页面主要对检修申请单进行校验，包括检修查询、合并单据、互斥冲突、同停冲突、超长工期和超窗口期等功能。

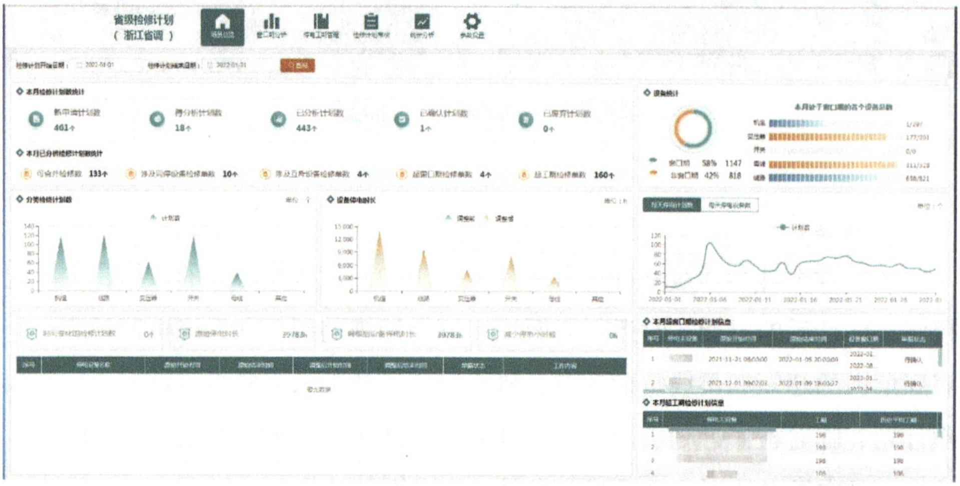

图9-10　中长期检修计划

第四节　日前市场

一、日前市场出清准备

日前市场通过出清流程概览界面，直观体现了出清接入数据到位性、集成展示优化出清进程，从而提升用户进行出清全流程操作的容易度，如图9-11所示。

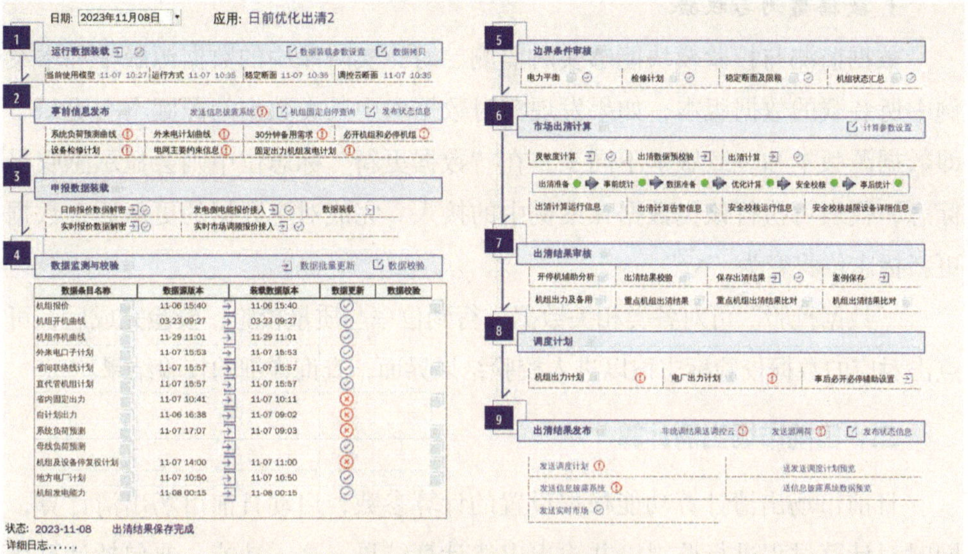

图9-11 出清流程概览

1. 运行数据装载

运行数据装载通过源端应用获取优化出清需要的数据，并保存至当前应用，用于当前应用的优化出清计算。装载的数据包括模型数据、计划类数据、申报类数据等信息，并在此基础上进行市场信息统计。

运行数据装载的主要功能包括三部分；一是数据复制；二是数据准备；三是出清前数据统计，相关信息在出清数据准备界面中展示。运行数据装载的执行状态在界面下方的“状态栏”中展示。装载成功后，名称后的标志位将变为“√”。

2. 事前信息发布

按照浙江现场交易规则，日前市场在D–1日9:30前进行D日出清的事前信息发布，在出清流程概览中，将显示七类信息的发布状态：系统负荷预测曲线、外来电计划曲线、30分钟备用需求、必开必停机组、设备检修计划、电网主要约束信息及固定出力机组发电计划。如信息名称后的标志位为红色感叹号，则表示信息尚未发布；若显示蓝色“√”，则表示信息发布成功。

3. 数据监测与校验

数据监测与校验模块能够实时监测、对比实时库中的数据源版本和本案例中所装载的数据版本，如果发现实时数据库中某类数据的源版本有更新，即数据源版本和装载版本不同步，在“数据更新”标志位中则会显示感叹号标志，代表可执行该类数据在案例中的接入。完成对应数据的更新后，数据更新标志位将变为“√”。

“数据校验”可对各类相关数据进行到位率与质量校验，校验完成后，可点击对应的数据校验标志位以进入校验结果界面，查询详细的校验结果。

二、日前市场出清计算

日前市场出清计算功能根据设置的计算参数，启动日前市场出清计算，同时对计算过程进行监视，并输出出清计算结果。这一功能主要包括计算参数设置、市场出清计算、出清计算结果查询功能等几个方面。

1. 计算参数设置

计算参数设置主要用于设置与市场出清计算相关的参数。主要包括优化计算参数设置和安全校核参数设置功能。

优化计算参数设置：优化计算迭代参数、网络安全约束、机组群设置、机组运行约束、优化计算松弛设置以及其他设置。

安全校核参数设置：潮流计算方法、不平衡功率分配方式、平衡机、潮流计算迭代次数、有功收敛判据、无功收敛判据、重载百分比判据、灵敏度输出阈值、交流转直流潮流、是否进行N-1分析和N-1分析设置、元件详细设置等。

2. 市场出清计算

市场出清计算主界面主要包括市场优化出清计算状态区、市场出清计算流程监视区、安全校核计算状态区。市场优化出清计算状态区由三部分组成，主要对市场出清优化计算状态进行监视。市场出清计算流程监视区，可以监视出清计算当前执行环节。安全校核计算状态区，对每个时段的安全校核状态进行监视。在页面的底部，可以通过链接查看出清计算运行信息、出清计算告警信息、安全校核运行信息，以及多轮迭代计算过程中，安全校核的断面越限情况，如图9–12所示。

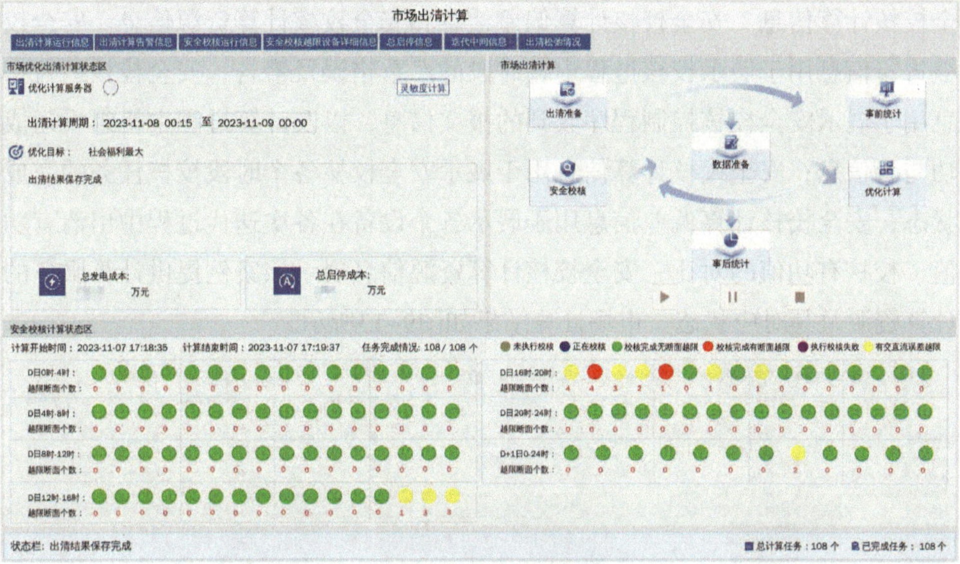

图9–12 市场出清计算

启动市场出清计算后，在“市场优化出清计算状态区”可以查看出清优化计算服务目前的执行情况。

在出清计算过程中，通过市场出清计算流程监视区，可以查看出清计算当前所处的环节，这些环节包括出清准备、事前统计、数据准备、优化计算、安全校核、事后统计。

当出清流程在执行安全校核时，可以通过安全校核状态区，监视安全校核的计算状态，安全校核状态包括以下几类：未执行校核、正在校核、校核完成无断面越限、校核完成有断面越限、执行校核失败、有交直流误差越限。在某时刻安全校核结束后，点击对应时刻圆点，查看该时刻的安全校核过载断面情况。

在优化计算与安全校核迭代过程中，可以通过“市场优化出清计算状态区”中的“迭代中间信息”链接，对比查看不同机组在两轮迭代中的出力变化。

如果在优化计算过程中遇到了松弛解，可以通过“市场优化出清计算状态区”中的“出清松弛情况”链接，查看优化计算过程中的约束松弛情况。

在出清过程中，可以查看安全校核告警信息、安全校核运行信息、安全校核计算信息、安全校核计算偏差信息和安全校核计算资源信息。安全校核告警信息用于展示校核过程中各时段的严重错误及警告；安全校核运行信息用于展示安全校核控制程序收到的报文信息，以及计算过程中机组投运成功与否信息；安全校核计算信息用于展示安全校核各个时段校核任务的完成状态；安全校核计算偏差信息用于展示各个设备在各次迭代过程中出清有功值、校核有功值的对比；安全校核计算资源信息展示该案例提供计算服务的计算资源及其对应状态。市场计算结果如图9-13所示。

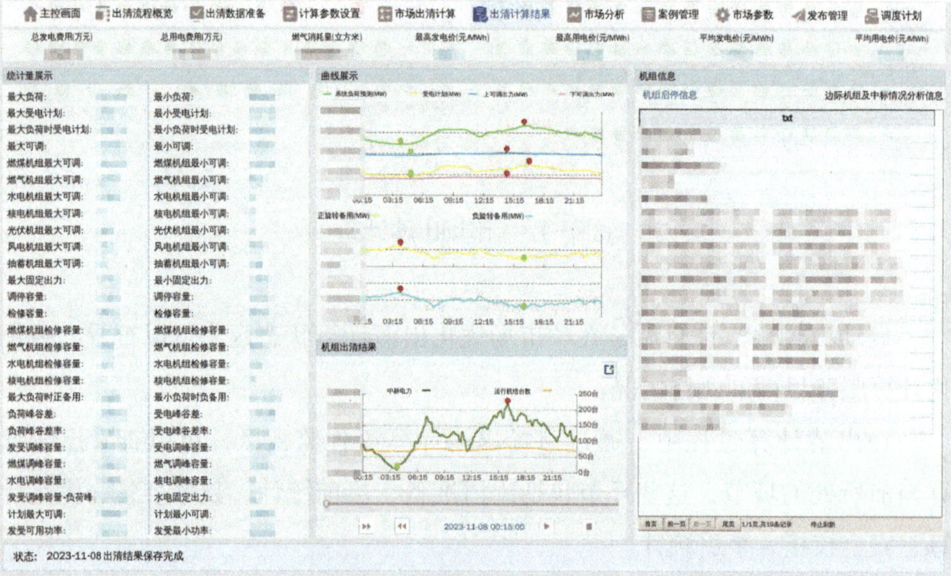

图9-13　市场计算结果

在安全校核与优化计算迭代过程中，可以通过“安全校核越限设备详细信息”链接来对比查看各断面多轮迭代的越限情况变化。

3. 出清计算结果

在出清计算完成后，可以通过“出清计算结果”界面查看出清计算结果。

4. 出清结果发布

日前市场需要发布的数据包括日前市场负荷侧统一电价、日前市场节点价格、开停机机组组合、日前市场机组电能中标信息和必开必停机组。通过出清结果发布界面，依次在各类数据界面点击“数据发布”完成发布。

三、日前市场出清结果分析

在日前市场出清结果分析模块中，可以对市场运营及电网运行进行深入分析。具体地，包括对市场出清电价的合理性、市场出清机组启停及出力合理性、市场电价及其分布、市场成员收益、电网阻塞等市场出清结果的查询与分析。其主要功能涵盖价格合理性分析、分地区电价分析、节点电价分析、备用价格分析、市场成员收益、机组启停分析、重载断面分析、系统平衡分析、断面功率分析等。

在日前出清计算全部完成后，市场分析模块可以通过主画面–日前市场–日前市场主控画面–出清结果–市场分析，进入市场分析模块进行详细查询和分析。

1. 价格合理性分析

价格合理性分析旨在提供相关信息，以评估系统电能价格是否合理，包括系统电能价格合理性分析、节点边际电价和边际机组分析，如图9–14所示。

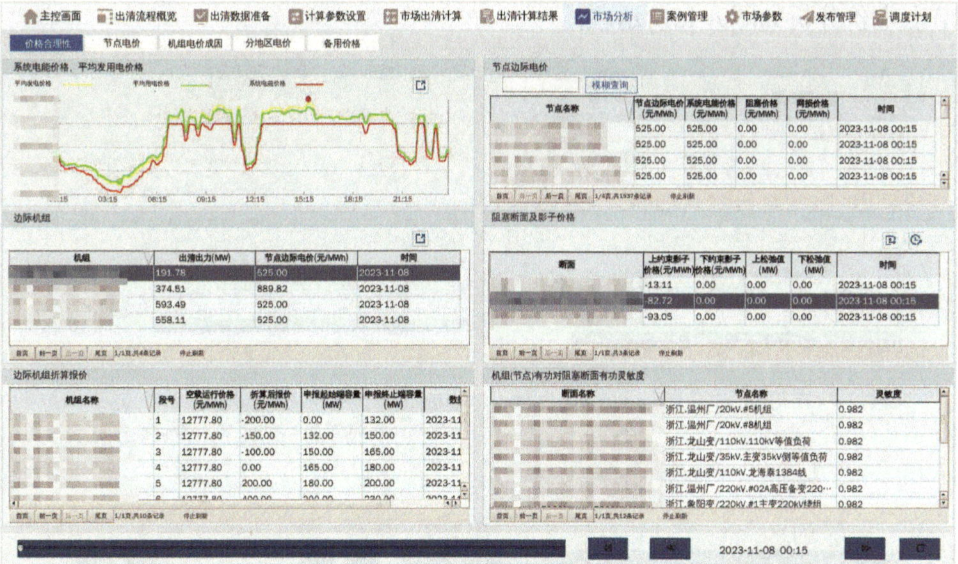

图9–14 价格合理性分析

通过“市场分析”模块下的“价格合理性分析”，可以进入价格合理性分析页面，利用该界面提供的工具对系统电能价格的合理性进行分析。分析步骤如下所述。

第一步，观察系统电能价格曲线，找出感兴趣的时段点，一般选择电价突增、突降、负值、过高、过低等电价不稳定的时段或者任意感兴趣的时段作为关注时段。

第二步，拖动时间滚动条至所选时段，进一步查看该时段的边际机组及其折后电价。若只有一台边际机组，则系统电能价等同于该边际机组的折后报价；如果折后报价超过最高限价，则系统电能价格取最高限价。若有多台边际机组，则系统电能价格为这几台边际机组的折后报价的加权平均值，权重与边际机组对断面的灵敏度相关；如果所有数据一致，则验证了系统电能价格的合理性。

借助该界面进行边际机组分析的方法与系统电能价格合理性分析类似。

2. 节点电价分析

在节点电价分析中，系统会统计并展示各时段最大和最小节点电价；分析各节点的节点电价是否合理，分析节点电价的形成因素。节点电价分析界面可辅助分析特定节点电价的合理性，如最高电价节点、最低电价节点等。节点电价分析如图9-15所示。

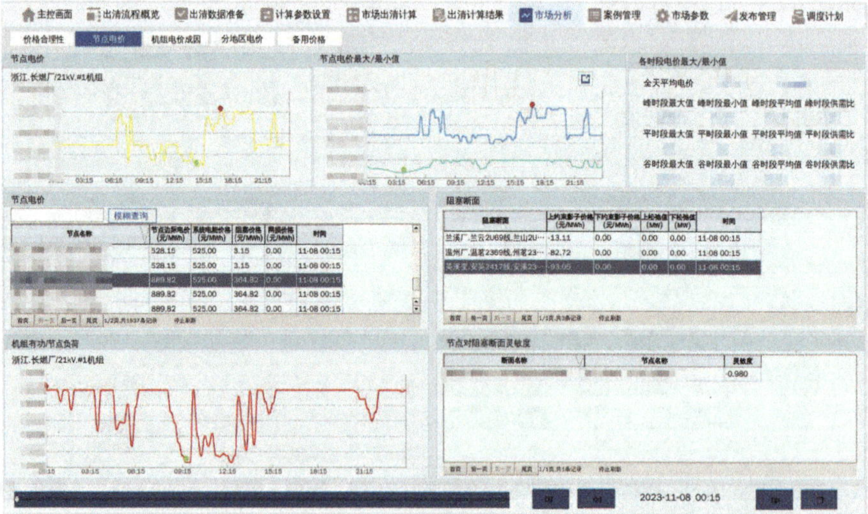

图9-15　节点电价分析

通过市场分析模块下的节点电价分析，可以进入节点边际电价分析界面，利用该界面提供的工具对最高节点电价的合理性进行分析。分析步骤如下所述。

第一步，观察上中子图，确定想要关注的特定时段，将时间滚动条拖到该时段。

第二步，在中左子图中，点击节点边际电价列，根据此列对表格内容进行排序，找到节点电价最高的节点名称，点击该行，上左子图将显示该节点各个时段的节点边际电价，而下左子图则显示该节点各个时段的有功值。

第三步，在右子图中查询该时段的阻塞断面及影子价格信息。

第四步，点击中左子图的最高电价节点行，点击中右子图的某个断面，在下右子图中观察该节点对该断面的灵敏度。在系统有阻塞的情况下，电价上升通常是阻塞导致的价格分量升高。另外，节点电价的趋势与该节点的有功变化趋势有较大的相关性，可通过比较上左和下左两个图的趋势变化来验证。

借助该界面进行最低节点电价合理性分析的方法与最高节点电价的合理性分析类似。

3. 市场成员收益

系统会统计并展示各类型发电机组的收益、平均电价，用电侧费用、平均电价、系统盈余及系统运行成本等情况。

通过“分时段市场成员收益”标签页，可以查看各个时段的市场成员收益信息。

4. 机组启停分析

机组启停分析界面用于查询和辅助分析机组开停机的状态。统计了开机动作、停机动作的机组名称，以及启停动作、动作发生时间。此外，还以表格形式展示了各个机组在不同时段的机组运行状态并通过甘特图的形式直观展示了各个机组在不同时段的机组运行状态。机组的运行状态包括“停机”和“运行”。

5. 重载断面分析

重载断面分析界面提供了所选时段的相关潮流信息、阻塞断面信息、节点对断面灵敏度信息、节点有功信息等。系统可以展示省内50万及以上电压等级的线路潮流情况，并通过表格详细列出所选时段重载率超过80%的断面的名称、断面限额、断面有功值、负载率、断面等效负荷等信息。

第五节　实时市场

实时平衡市场在系统实际运行前，按照规则指定的时间提前组织，进行滚动优化计算，以确定各发电机组的实时发电计划、市场出清价格。实时平衡市场运行的核心是安全约束经济调度（SCED）。实时平衡市场利用日前市场封存的申报信息，以社会福利最大化为目标，结合最新的电网运行状态与超短期负荷预测信息，考虑电网运行与机组运行的各类约束条件，按照指定的滚动出清周期，运用安全约束经济调度程序来实施最优经济调度，从而形成各发电机组需要实际执行的发电计划与用于事后偏差结算的实时价格信号等信息。

一、模型管理

物理模型接入与维护模块用于维护从智能电网调度控制系统、调控云同步的设备级模型（包括厂站、断路器、刀闸、母线、发电机组、变压器、交流线路等设备的详细信息），并与市场成员申报的发电机组的经济属性相关联。

市场模型管理功能负责维护从智能电网调度控制系统和调控云接入的市场成员经济模型，如图9-16所示。经济模型管理主要完成发电集团、发电商、经济机组、电力用户、售电公司的属性管理，可以实现经济模型增量、全量生成，支持经济模型条目对比以及经济模型参数对比和模型导出等功能。

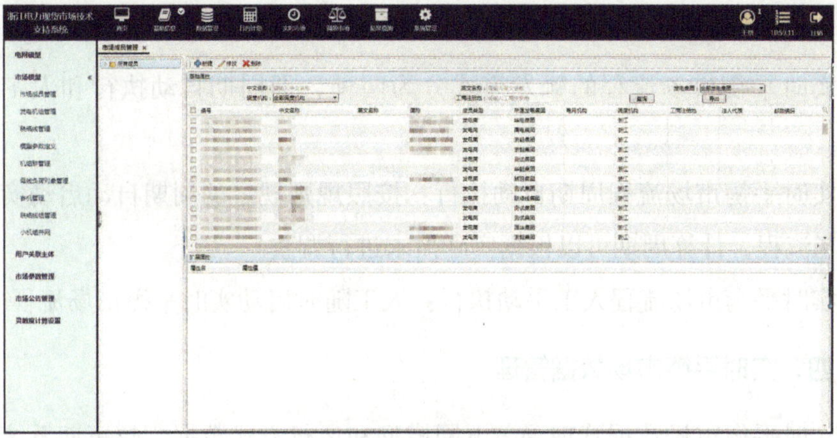

图9-16　市场模型管理

二、实时运行状态监视

实时运行状态监视包括拓扑潮流信息、机组运行状态信息等。其中，机组运行状态包括机组AGC等实时控制状态。

通过进行系统充裕度分析评估，可以评估全系统及分供区的系统充裕度，分析实时及未来几小时的充裕度指标，如图9-17所示。

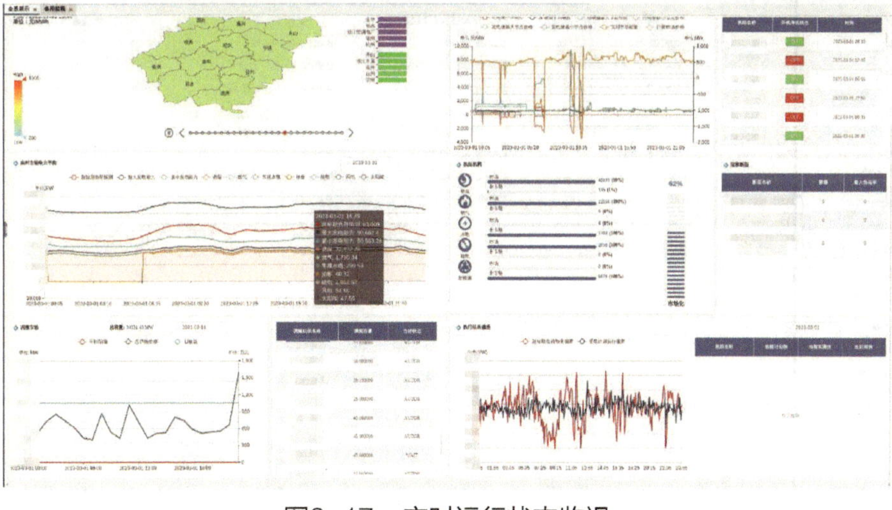

图9-17　实时运行状态监视

三、实时平衡市场流程控制

实时平衡市场流程的触发模式分为两种，即周期自动执行和人工手动执行。

实时平衡市场流程周期自动执行：按照规则规定的周期自动启动实时平衡市场流程，计算周期可以根据实际需求进行调整。

实时平衡市场流程人工手动执行：人工随时启动实时平衡市场流程。

四、实时平衡市场数据管理

实时平衡市场数据管理涵盖电网模型和运行方式数据、超短期系统负荷预测数据、超短期母线负荷预测数据、联络线计划、机组启停计划、设备停复役计划、非市场机组出力计划、机组出力限额及固定出力计划、地方电源出力计划、机组报价数据、备用需求、稳定断面限额、监视元件、机组群出力限制、实时平衡市场机组申报数据、机组实时状态与控制模式、案例数据校验、实时平衡市场出清参数设置等，如图9–18所示。

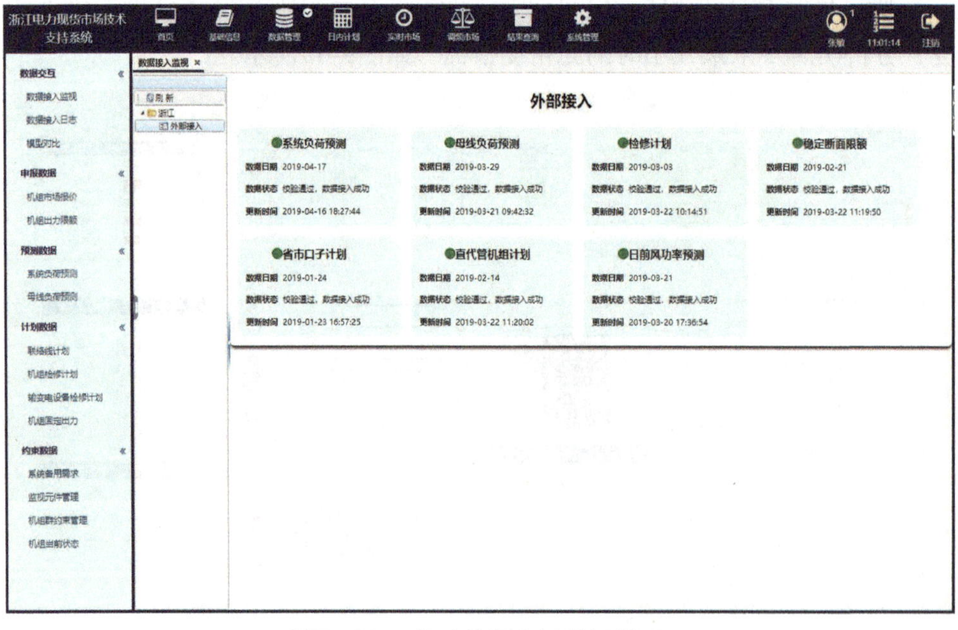

图9–18　实时平衡市场数据管理

五、实时平衡市场出清计算

实时平衡市场出清计算功能建立在日内滚动预出清计算所确定的机组组合之上，在满足发用电平衡、电网安全、机组运行等多种约束条件下，采用SCED核心算法，以社会效益最大化为优化目标，对机组未来5分钟至未来1小时内每5分钟的发电计划进行优化。

实时平衡市场出清计算功能确保满足系统平衡约束、网络约束和机组运行约束等约束条件。它集中优化并编制未来5分钟至未来1小时内每5分钟的发电计划，支持在满足预设条件时自动触发计算，并能够按照设定的实时调度时段进行周期性计算。实时市场出清结果可发送至自动发电控制（AGC）功能，以便指导机组执行。图9-19展示了实时平衡市场出清计算的界面。

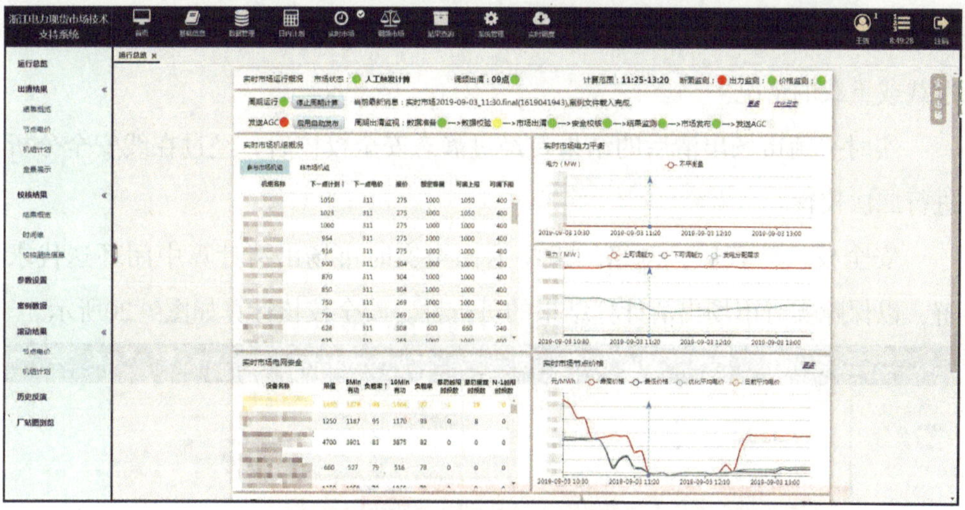

图9-19 实时平衡市场出清计算

六、实时平衡市场电价计算

实时平衡市场电价计算功能，综合考虑了电网中的节点网损信息与线路阻塞信息，同时负责计算并确定市场规则规定周期的各个节点的节点边际电价。节点边际电价包含以下三个分量。

边际电能价格：在不考虑电网阻塞和网损情况下的全网无约束统一购电边际成本。

边际阻塞价格：电网阻塞造成的节点购电边际成本分量。

边际网损价格：电力传输损耗造成的边际成本。

实时平衡市场电价计算功能支持通过分区聚合得到分区电价，支持将初始计算获得的节点电价平均得到每小时节点电价。

七、安全校核计算

在实时平衡市场出清计算，首先确定机组出力水平，然后根据网络拓扑、检修计划等数据建立校核模型，通过调用安全校核计算服务，对电网进行交流潮流计算与故障分析，计算分析基态下的线路、变压器过载情况；分析N-1方式下的母线、变压器、机组等设备在开断部分设备会引起某些设备过载或重载的情况。

实时平衡市场出清后的结果在经过静态安全校核后，经过在线安全分析进行二次校核。

安全校核计算后，网络约束将返回至实时市场出清计算中闭环迭代求解，以保障实时市场出清计算结果的可行性。安全校核计算如图9-20所示。

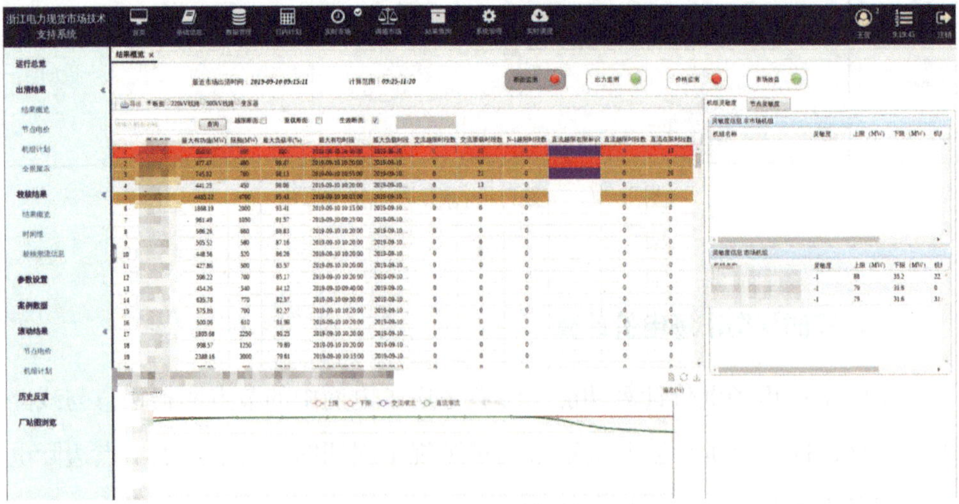

图9-20 安全校核计算

八、阻塞管理

阻塞管理辅助决策功能是在机组当前出力的基础上，在满足发用电平衡、电网安全、机组运行等约束条件下，运用SCED核心算法，以社会效益最大化为优化目标，对各机组的出力调整量进行优化决策。

阻塞管理辅助决策功能满足系统平衡、网络和机组运行等约束条件，涵盖机组可调出力约束、机组爬坡速率约束、功率平衡约束、断面限额约束、单元件热稳极限约束等。

九、实时平衡市场出清结果管理

1. 机组发电计划查询

机组发电计划查询支持实时平衡市场范围内机组发电计划查询，支持表格和曲线展示方式；支持按照机组、电厂、分区、全网以及发电集团等多种角度查询机组出力计划。此外，该查询功能可以与人工干预计划功能相结合。

2. 节点电价查询

节点电价查询支持实时平衡市场范围内节点电价查询，支持表格和曲线展示方式；支持按照电价总量、电价阻塞分量、电价网损分量等多种角度查询节点电价结果。

3. 实时平衡市场出清结果统计分析

通过表格形式，可以展示实时平衡市场结果的统计信息，包括机组发电量、机组负荷率、系统平均电价。

4. 实时平衡市场出清结果审批

在实时平衡市场交易出清完成后，可以自动接受计算结果，并更新在计算时间范围内已公布的机组计划与电价。另外，也可以由人工确认是否接受计算结果，一旦确认接受，系统将更新计算时间范围内对外发布的机组计划与电价，如图9-21所示。

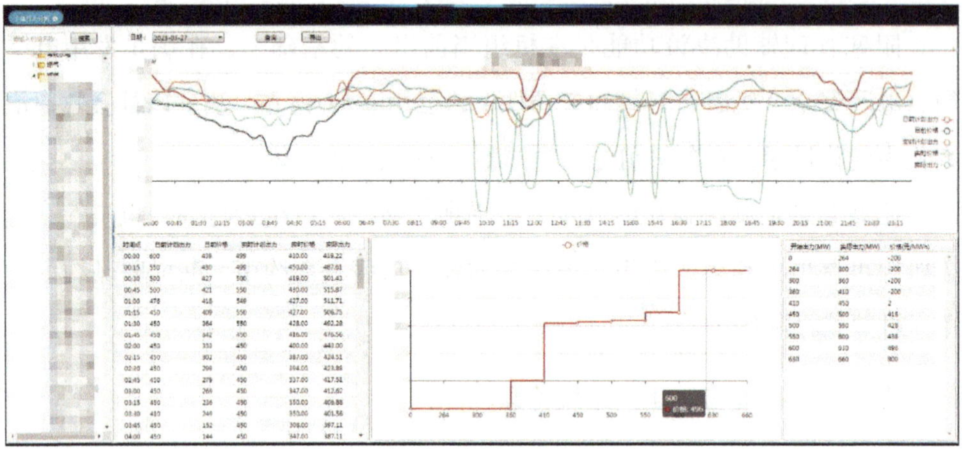

图9-21　实时平衡市场出清结果管理

第十章 培训仿真

培训仿真类应用是各类电网调度控制业务的技术支撑，其运用计算机技术建立实际电力系统的数学模型，再现各种调度操作和故障后的系统工况，并将这些信息发送到电力系统控制中心的模型内，为调度员提供一个逼真的培训环境，从而实现电网调控运行过程的仿真模拟和运行推演。培训仿真类应用通过获取的电网模型及运行数据、计划与预测数据、气象地理等数据，模拟调控操作和电网运行方式变化，并针对各类电网调度控制业务为调控运行人员提供全面的培训模拟、联合演练及推演分析环境。

第一节　概述

培训仿真类应用主要包括调度员培训模拟、电网运行反演、新能源运行模拟仿真、水电运行模拟仿真、市场模拟推演等应用功能，本章重点介绍调度员培训模拟和电网运行反演应用功能。培训仿真类应用从实时监视类应用、分析校核类应用、自动控制类应用中分别获取动态限额、模型、断面等数据，其总体架构见图10-1。

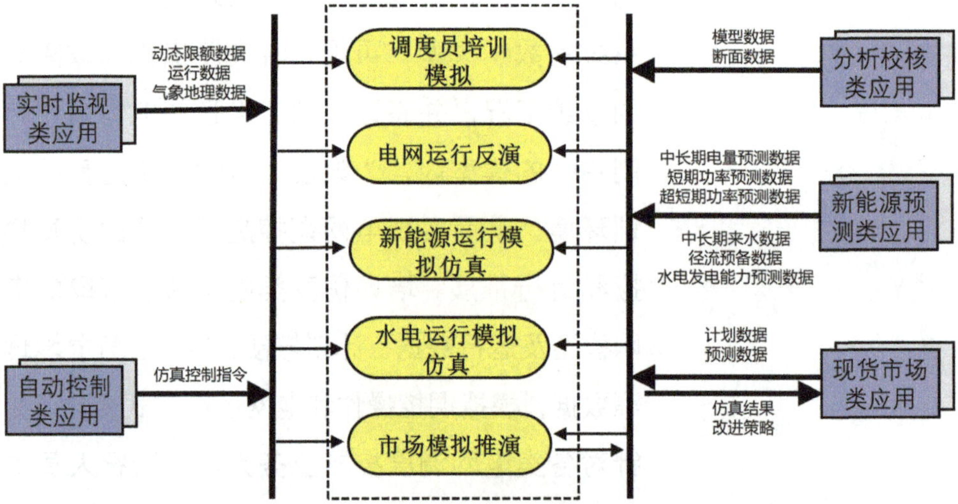

图10-1　培训仿真类应用总体架构

第二节 调度员培训模拟

调度员培训模拟应用通过对电网运行的仿真模拟，能够为调度运行人员提供逼真日常培训环境。模拟各种调度操作和故障后的系统工况，能够培养调度员在正常状态下的操作能力和在事故状态下的快速反应能力。

调度员培训模拟应用主要包括仿真情景管理、培训教案准备、电力系统仿真、教员台控制等功能。调度员培训模拟类应用组成及数据逻辑关系见图10–2。

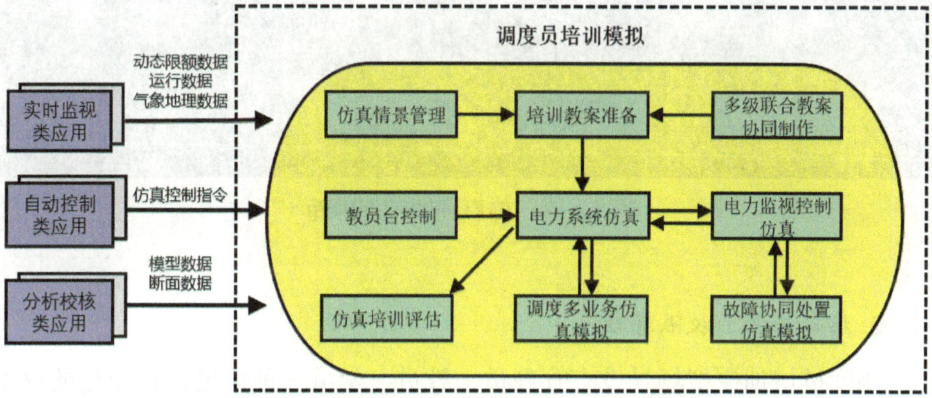

图10–2 调度员培训模拟类应用组成及数据逻辑关系

一、仿真情景管理

调度员培训模拟的仿真情景管理是根据用户申请的场景类型、模型范围、参与人员等，根据需要组织仿真资源，以实现仿真场景实例的弹性创建及动态回收，并根据场景权限访问。

1. 培训仿真场景的弹性创建及动态回收

场景创建者以教员身份登录，进入仿真场景管理界面，如图10-3所示，点击“创建场景”，进行仿真场景的弹性创建。选中某一已创建的场景，点击“删除”按钮进行场景的动态回收。只有场景创建者拥有删除回收的权限。

图10-3　仿真场景管理界面

2. 培训场景的权限管理

调度员培训模拟场景设有管理员、教员、学员三种角色，各角色的权限不同。管理员用户拥有最高权限，可以删除场景，并为用户分配角色。不同角色的用户登录后，会显示不同的场景管理界面，图10-4、图10-5、图10-6分别为管理员、教员、学员的登录场景。

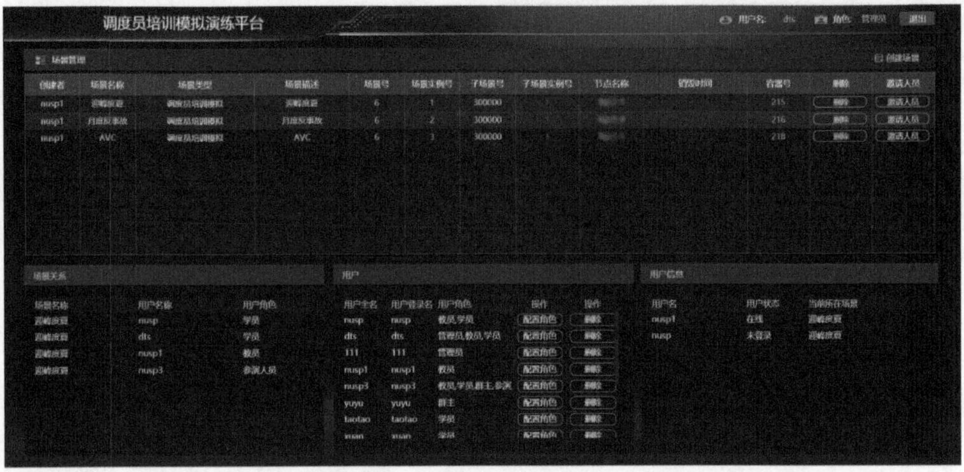

图10-4　管理员登录场景

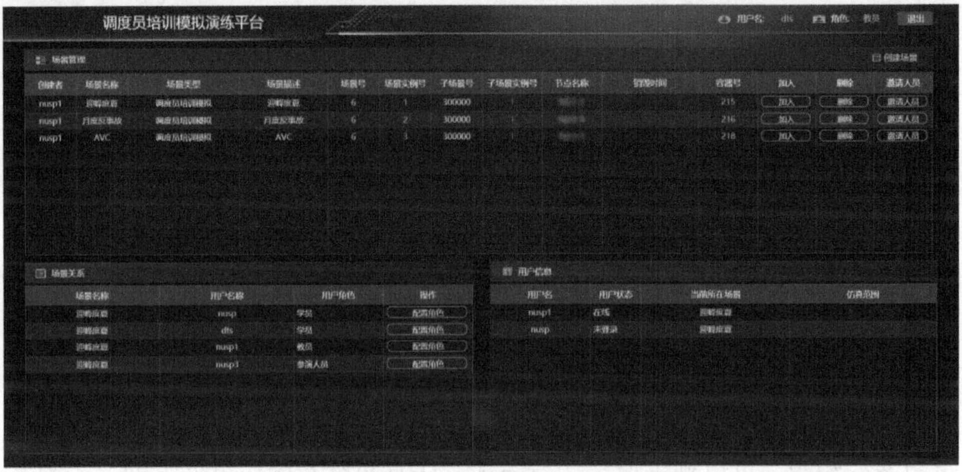

图10-5　教员登录场景

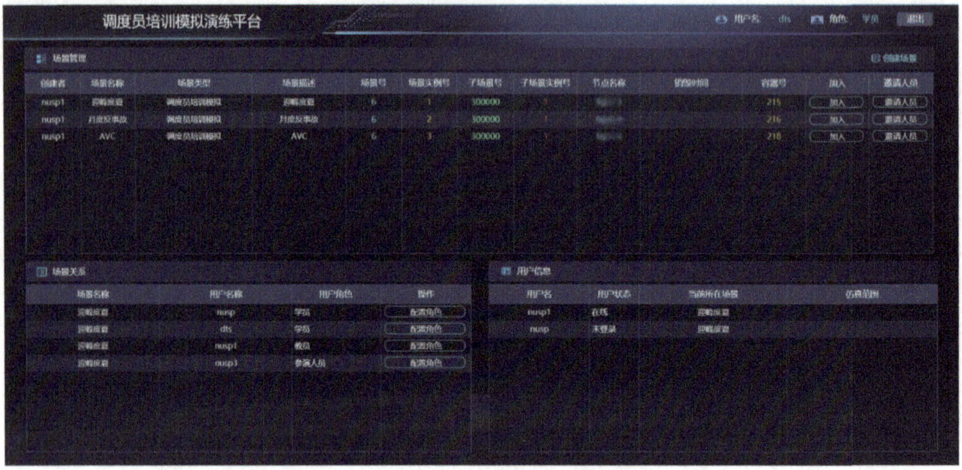

图10-6　学员登录场景

用户可自定义回收时间，以便自动化管理场景实例的回收。在创建场景时，用户可以选择自动销毁时间，届时场景资源将自动被释放。

二、培训教案准备

在准备培训教案的过程中，可根据需要获取电网模型、运行数据、发电计划、负荷预测等培训仿真数据，这些数据将作为初始断面。随后，将对这些初始数据进行断面校验、运行方式调整、发电计划调整、负荷预测调整等，形成满足培训要求的电网运行断面、发电计划数据、负荷预测数据。通过教案的编制，可以预先设定运行方式、仿真故障及操作事件。通过子教案的编制，可以存储一系列的培训事件，从而完成整个培训教案的准备工作。初始断面数据也可从历史断面、历史教案中获取。

培训教案准备通过服务化获取电网模型数据和运行数据作为初始断面，教员可在初始化状态下进行潮流计算和方式调整，并查看潮流调整情况，如图10–7所示。

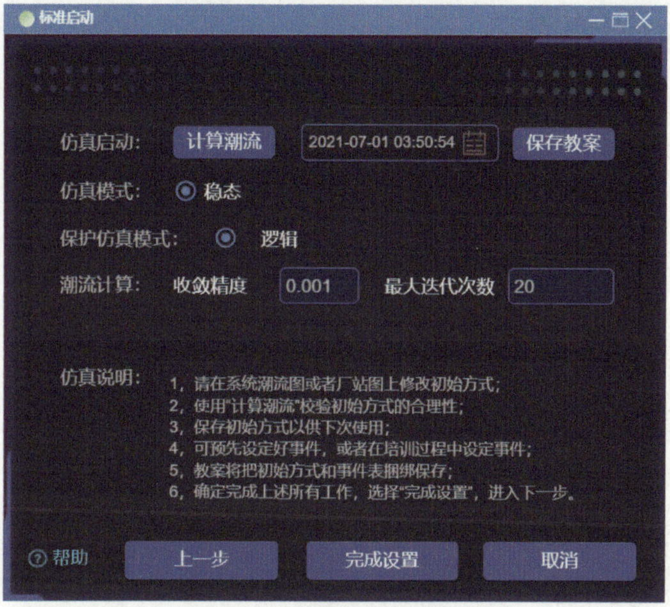

图10-7　教案断面潮流调整

培训仿真模块可以存储教案、电网模型、运行数据、计划数据、预测数据等模型和数据；可选取列表中的历史教案进行演习，如图10-8所示。

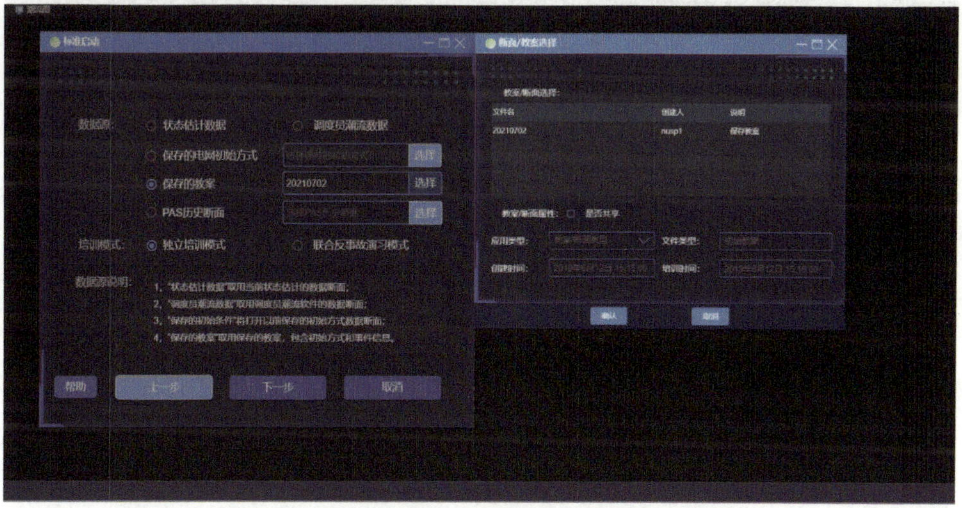

图10-8　历史教案进行演习

三、电力系统仿真

电力系统仿真旨在建立与实际电力系统相一致的设备稳态模型，对电网连续变化过程进行模拟，以实现电力系统潮流仿真、正常操作仿真、故障及异常仿真、误操作仿真、继电保护仿真、安全自动装置仿真、系统保护仿真、数据采集仿真等。

1. 电网模型

电网模型涵盖了一次设备、串联补偿装置、直流输电系统、柔直输电系统、抽水蓄能机组、静止无功发生器、静止同步无功补偿装置、继电保护模型、安全自动装置模型、数据采集系统模型、自动发电控制、自动电压控制、统一潮流控制器等设备。

2. 电力潮流仿真

电力潮流仿真能够进行电网拓扑分析，提供计算母线、电气岛和可算电气岛等拓扑分析结果。可以模拟电网操作及故障时的潮流和频率变化。通过潮流图进入发电厂后，可以调节发电机出力或设置发电机故障，从而分析潮流和频率变化情况（见图10-9、图10-10）。

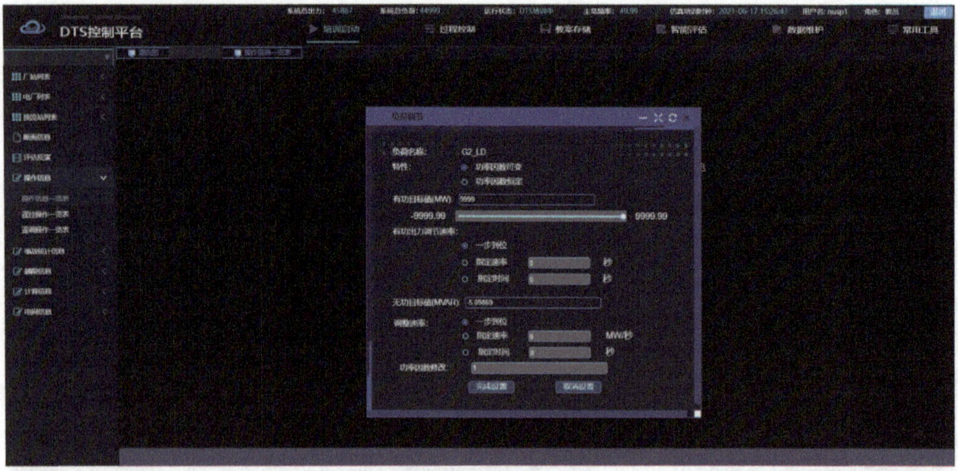

图10-9　调节发电机出力

图10-10 设置发电机故障

可进行全网负荷或局部负荷变化过程的仿真；可通过区域负荷调节工具进行负荷调节，观察负荷变化（见图10-11）。

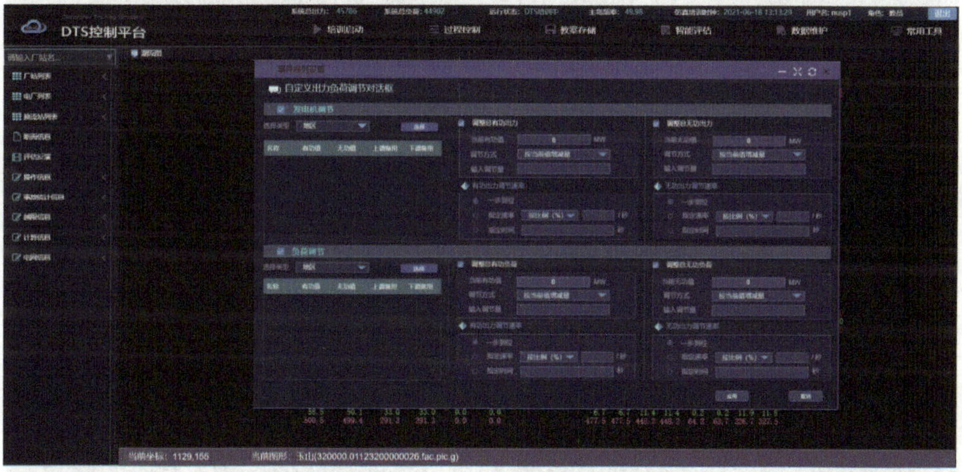

图10-11 区域负荷调节工具

3. 正常操作仿真

正常操作仿真功能可提供电网调度操作指令的仿真，包括：断路器、隔离开关的分、合；变压器分接头、中性点接地方式的调整；并联电容器、并联电抗器的投退操作；发电机有功出力、无功出力、机端电压的调整；调度综合令的模拟与执行等。

4. 故障、异常仿真

故障、异常仿真可提供常规电力设备的故障仿真，可仿真的故障类型分为以下几类。

一是线路故障，包括线路短路、断线故障等（见图10-12）。

图10-12　线路故障仿真

二是母线故障，包括母线短路故障等（见图10-13）。

图10-13　母线故障仿真

三是变压器故障，包括变压器内部相间、匝间故障等（见图10-14）。

图10-14 变压器故障仿真

四是发电机故障，包括发电机接地故障、短路故障等（见图10-15）。

图10-15 发电机故障仿真

五是断路器故障，包括断路器拒动、误动故障等（见图10-16）。

图10-16　断路器故障仿真

5. **误操作仿真**

误操作仿真功能够自动识别培训过程中的误操作，并提供提示信息，可识别的误操作包括带负荷分、合隔离开关等（见图10-17）。

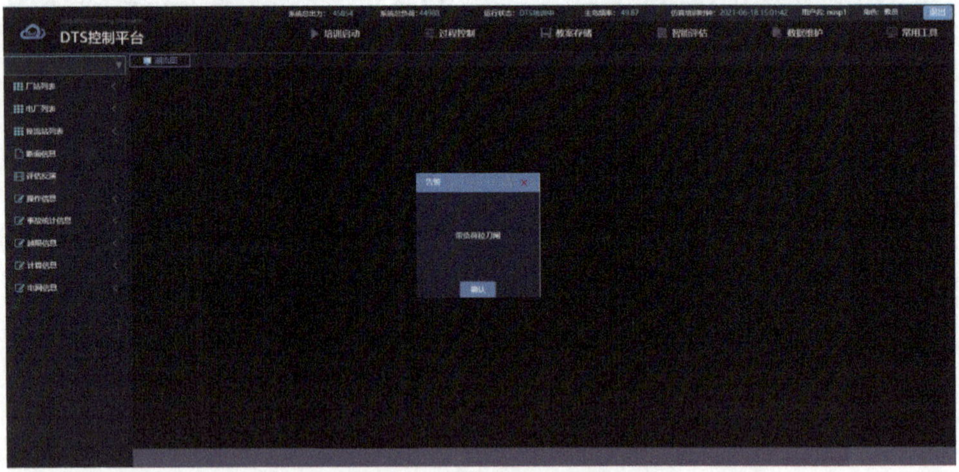

图10-17　误操作仿真

6. 继电保护仿真

DTS可以模拟电网中常见继电保护装置行为，在电网设备发生故障时提供继电保护动作信息、保护事件信息及断路器动作信息（见图10-18）。其中，保护事件信息包括保护动作情况、重合闸动作情况、故障选相、故障测距等，可在电气事故信息表中查看保护动作信息。

图10-18 继电保护仿真

可模拟继电保护装置及其保护功能的投退等操作，查看当前设备保护配置情况，并对保护进行批量投退或单独设置（见图10-19）。

图10-19 保护功能投退仿真

可模拟重合闸动作及与继电保护动作的配合关系（见图10-20）。

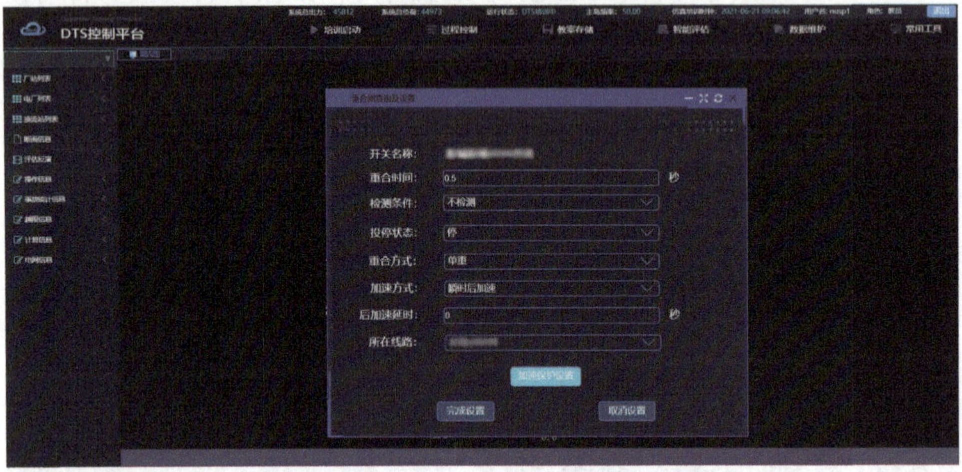

图10-20　重合闸与继电保护配合仿真

可模拟继电保护的误动、拒动等其他异常，进行保护误动、拒动等故障设置（见图10-21）。

图10-21　保护误动仿真

四、教员台控制

教员台控制能够为教员提供培训仿真启停、事件操作、子教案操作、断面返回等培训控制及监视功能，能对培训仿真应用进行启动、终止、暂停、恢复及状态监视。

在培训过程中，教员可以设置事件、监视子教案的执行及其执行状态，并在需要时添加和执行新的事件。此外，系统还具备事故前断面返回、初始状态返回、任意操作前断面返回等培训控制功能，如图10-22所示。

图10-22　DTS过程控制

五、DTS培训仿真观摩

在DTS场景管理界面，可选中一个场景，进入观摩界面，同时触发自动生成该厂站周边的近区潮流图（见图10-23）。

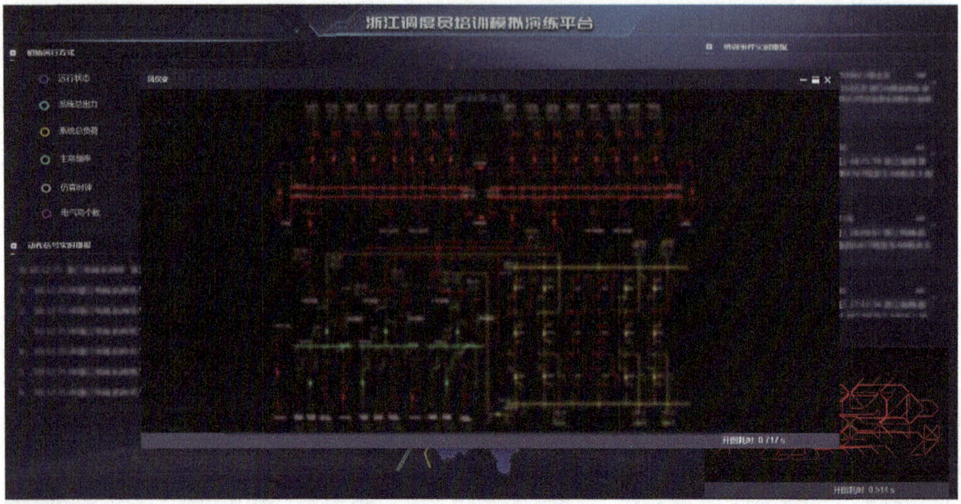

图10-23　观摩界面

第三节　电网运行反演

电网运行反演应用能够全面记录事故前后系统的实际运行状态，实现对整个电网或特定对象变化过程的追踪，在反演过程中，能够展示并分析对象的数据变化情况，从而实现对历史事件的反复推演分析。电网运行反演应用主要包括运行数据整合、运行反演控制和运行反演分析等功能，各功能之间的数据逻辑关系见图10-24。

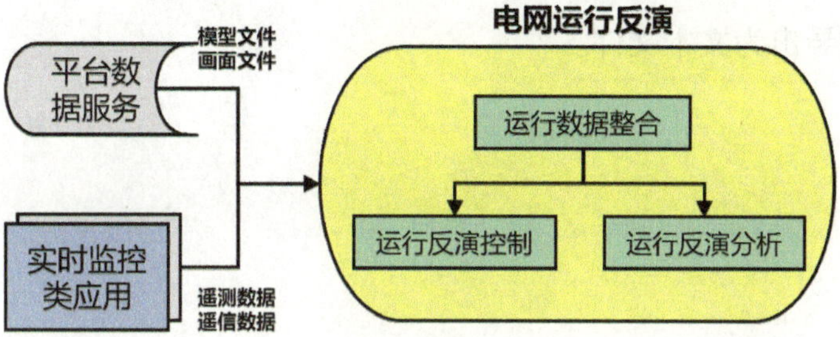

图10-24 电网运行反演功能组成及数据逻辑关系

一、运行数据整合

运行数据整合能够通过事件触发或人工启动，实时捕获电网的运行状态数据，包括遥信数据、遥测数据、电网模型及图形等，通过有效整合可供相关应用功能调取，或用于事后精细化反演分析。系统能够存储电网事件发生时刻前后5~60分钟范围内的稳态运行遥信、遥测、断面数据；在电网事件发生时，系统还能够存储模型及图形数据。事件的记录可通过人工启动和事件自动触发两种方式进行。

二、运行反演控制

运行反演控制功能允许调度运行人员通过播放记录的电网运行数据，重新审视历史上一段时间内的电网运行情况，从而进行可视化分析。该功能支持通过任意工作站进行运行反演，并可实现多工作站同时观看，确保反演运行环境的相对独立，避免与实时环境的冲突，实现反演时刻断面数据与电网模型、图形的自动匹配。

三、运行反演分析

运行反演分析为用户提供了数据分析工具，能通过表格、曲线等方式针对历史记录的数据信息，有针对性地呈现分析对象。用户可以自主定义反演分析对象，包括反演遥信、遥测。此外，系统还支持将反演时段内任意时刻的断面数据导出为文本文件。

第十一章
运行评估

运行评估类应用构建于调控云海量数据基础之上，依托大数据和人工智能技术来强化各专业数据处理和分析能力，推进数据共享和价值挖掘，对历史运行情况进行客观量化评价，对典型电网调度业务进行深度挖掘与评估，指导电网运行的持续优化。本章将重点介绍安全评估、调控运行分析、电能计划分析应用。

第一节　概述

运行评估类应用通过深入分析电网的历史运行数据，基于调控云子平台，并在数智应用中心进行部署，以电网模型和运行数据为依托，构建了一个全面电网运行评估指标体系，该体系能够及时掌握电网的总体态势，提高设备运行效率，并为电网的高效运行提供指导，同时促进清洁能源消纳。运行评估类应用主要包括调控运行分析、调度计划分析、清洁能源消纳分析、市场评估分析、电网运行安全分析等应用功能。基于这些应用功能，实现清洁能源消纳全过程评估、电网运行多维度量化后评估、服务于理想调度的电网运行深度后评估、基于碳排放指标的清洁能源消纳分析等应用场景。运行评估类应用总体架构见图11-1。

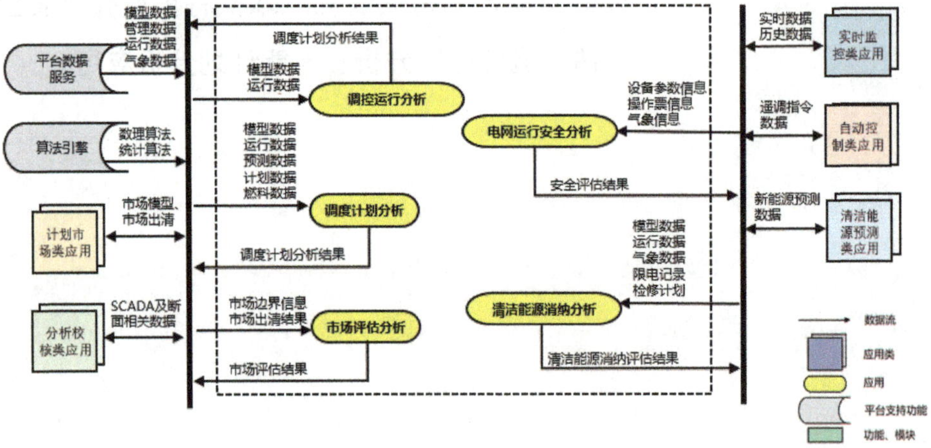

图11-1　运行评估类应用总体架构

第二节 安全评估

一、调节能力分析

调节能力分析，通过评估各节点电压稳定裕度，使调度人员对各级无功电压调节能力有直观的了解。主要功能包括对变电站电压越限情况进行分析，评估变电站周围静态无功调节能力；对电厂电压越限情况进行统计，评估机组动态调节能力；按照区域进行电压越限情况统计，评估区域综合调节能力，并对区域无功过补、欠补情况进行统计，评估无功调节能力（见图11-2）。

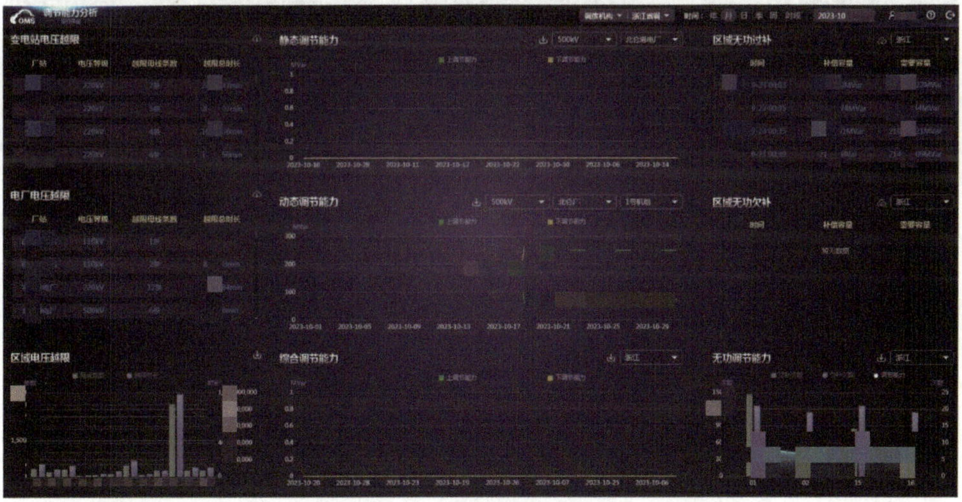

图11-2　调节能力分析

二、故障跳闸统计分析

故障跳闸统计分析，利用设备故障跳闸数据、设备量测、告警等运行数据，从地区、设备、电压、故障跳闸类型等不同维度对设备故障跳闸信息进行深入分析。主要功能在于，它不仅能够按照时间、区域、设备类型等不同维度进行统计，而且能够建立故障跳闸概率模型，将各个维度关联起来并深入分析它们之间的相互关系，从而实现对故障跳闸的保护分析，为故障跳闸提供更加精准的保护（见图11-3）。

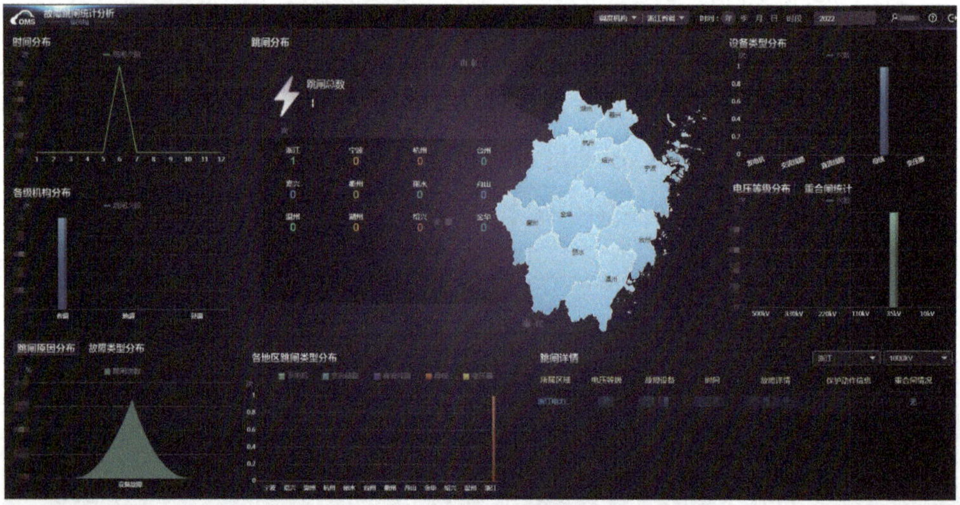

图11-3　故障跳闸统计分析

第三节　调控运行分析

一、电量分析

电量分析是按照电源类型、时间、区域等维度进行分类统计分析，主要功能包括：对各级电网发电量、发受电量、受电量进行统计，并计算占比、排序；对各级电网各类型电源发电量占比、排序、各级电网发电量贡献度进行统计分析；对月平均发电量贡献度、多日平均发电量贡献度进行计算（见图11–4）。

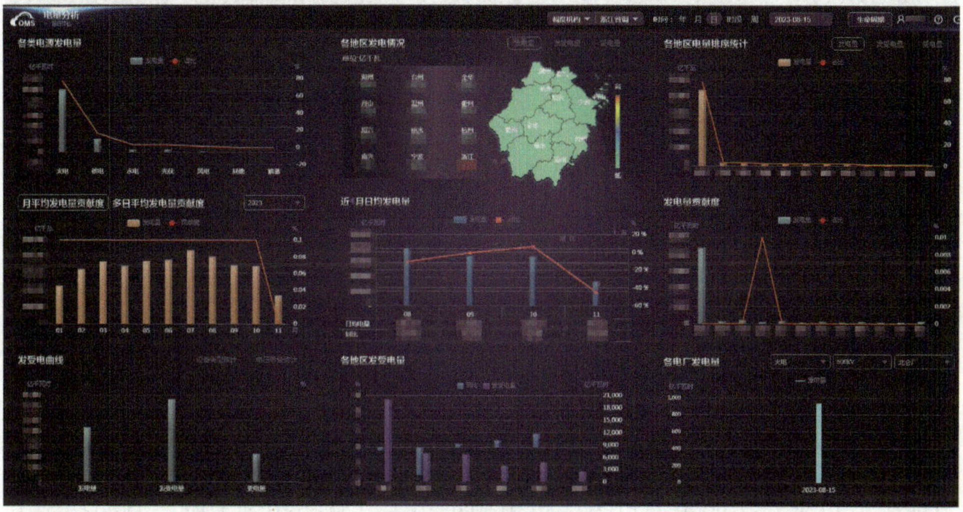

图11–4　电量分析

二、电力分析

电力分析包括发用电平衡分析、有功平衡分析和日内平衡能力监视分析。发用电平衡分析，主要功能是通过对发受电实时数据、历史数据、日前和日内计划数据进行汇总，从分区（省）、地市等维度计算发受电总加，统计最大/最小发电能力、发用电极值等指标；有功平衡分析，主要功能是通过对各电源的发电总加、发电率、有功负荷信息进行统计，分析电网的有功平衡情况、新能源消纳能力情况；日内平衡能力监视分析，主要功能是利用发受电计划数据、负荷预测和新能源功率预测等信息，从超短期角度分析电网平衡能力（见图11–5）。

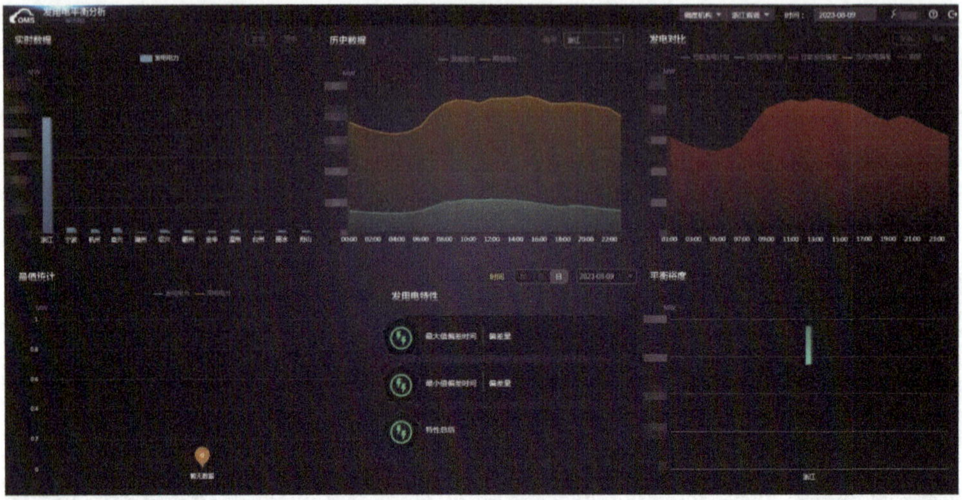

图11-5　电力分析

三、备用分析

备用分析是从区域、发电厂、发电机维度进行备用分析。发电机组调节能力分析主要功能是通过考虑机组额定功率、有功功率上限、有功功率下限及机组运行状态，来判断其备用状态，并对发电机组调节能力进行详细分析；发电厂备用统计分析主要功能是从发电厂角度出发，统计全厂的整体备用情况；区域电网备用统计分析主要功能是从区域电网角度统计区域内的调节备用、旋转备用以及各类电源的备用情况（见图11-6）。

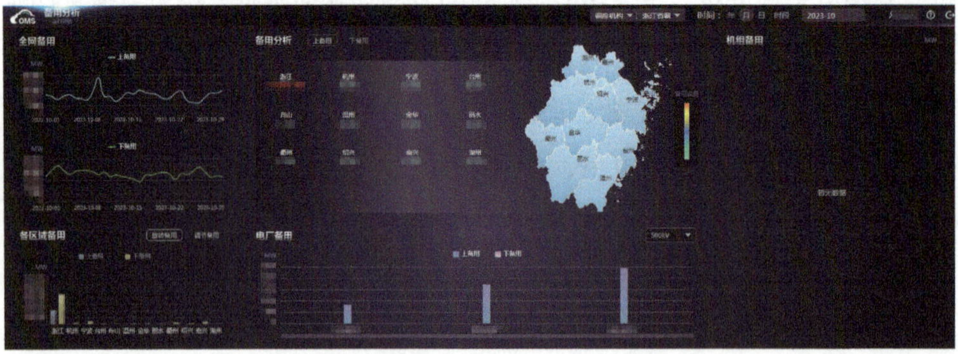

图11-6　备用分析

第四节　电能计划分析

一、发电计划分析

发电计划分析通过对实际发电功率与计划发电功率偏差值进行统计，实现电网、机组和时间等多维度的统计分析以及对机组运行状况的监测，分析结果对电网运行方式和规划具有重要意义，主要功能包括发电厂发电计划分析、发电机发电计划分析、直流输电系统发电计划分析（见图11–7）。

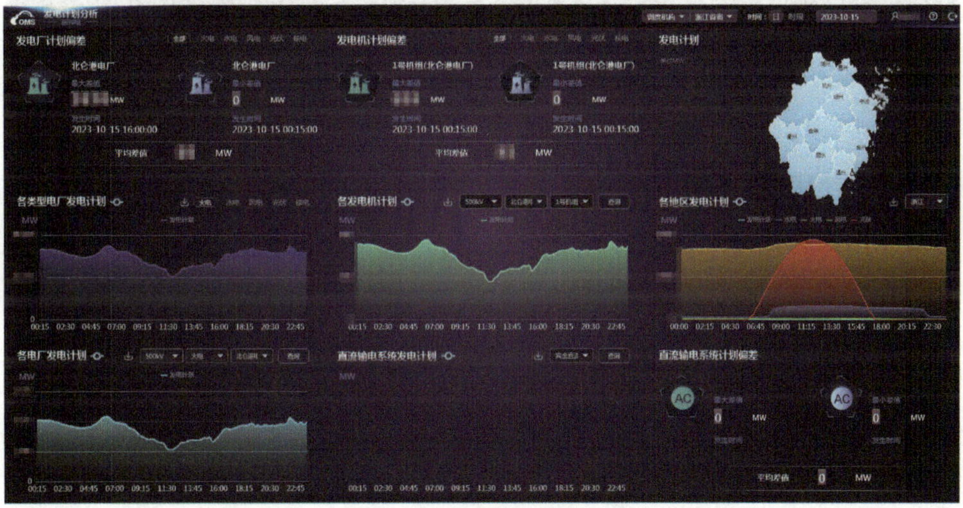

图11–7　发电计划分析

二、电力燃料分析

电力燃料分析主要功能是通过对任意时间段内燃煤电厂的当日耗煤总

量、最大日煤耗量、当日库存量、当日供煤总量进行统计，实现最低库存水平、库存量、可用天数的多维度统计；通过对任意日期燃气电厂的耗气量、涉及供暖耗气量等信息进行统计，实现多维度的比较展示（见图11-8）。

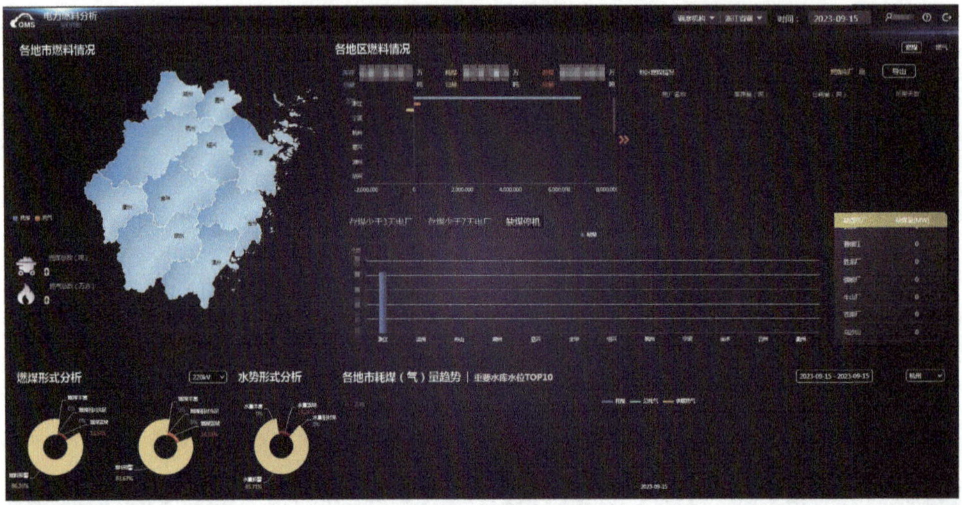

图11-8　电力燃料分析

三、水电运行模拟仿真

水电运行模拟仿真基于水库当前运行状态、水文预报结果和发电计划，动态预测水库的未来运行趋势，包括对水库水位、发电流量、出库流量等关键参数的预测，从而实现水电发电趋势分析和水库的运行推演。水电运行模拟仿真应用组成及数据逻辑关系见图11-9。

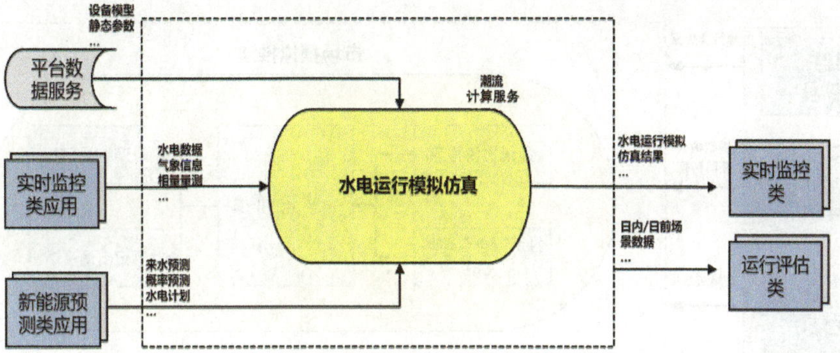

图11-9　水电运行模拟仿真应用组成及数据逻辑关系

水电运行模拟仿真能够对水库日前和日内的运行过程进行模拟，并综合考虑梯级水库上下游水力联系和流量传播时间等因素。具备对趋势预测时长设置、滚动模拟水电厂的发电计划及可调节出力；发电计划、入库流量的人工设置功能。支持水库水位等数据的联动计算和展示；能够对趋势预测结果的水位越限、发电能力不足、出库流量越限等异常信息进行预警，越限值边界提供人工设置功能；能够对模拟结果量化评估；支持多套模拟结果的对比分析。

四、市场模拟推演

市场模拟推演功能在市场运营的模拟与评估、运营技术的验证、市场运营人员的培训中发挥着重要作用。其主要依托于现有的出清模型和算法，对市场模型、市场参数、市场运行边界、约束条件等数据进行调整或从外部导入历史算例，开展电能量、辅助服务等市场的模拟出清、结果分析，从而评估在不同市场环境下市场运营效率和运营风险。

市场模拟推演主要包括市场出清推演、市场报价推演、历史出清反演、推演结果分析和推演数据管理与生成功能。市场模拟推演功能组成及数据逻辑关系见图11–10。

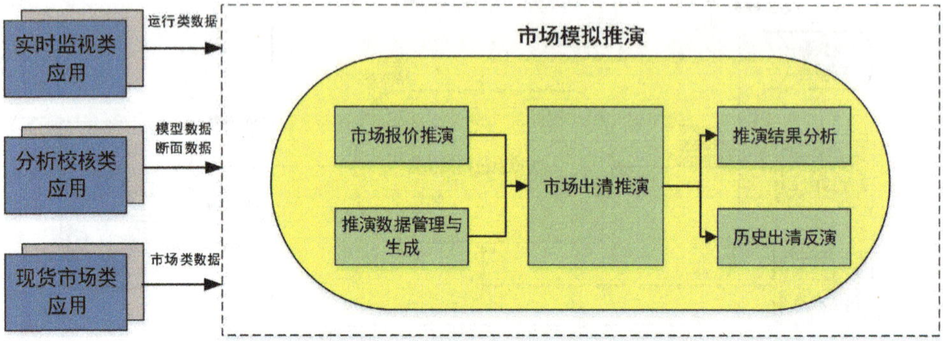

图11-10　市场模拟推演应用组成及数据逻辑关系

第十二章
调度管理

调度管理类应用依托于调控云子平台，利用“模型、数据”标准化和关联性，为调度生产运行业务提供规范化和流程化的管理，这不仅促进了专业组织管理业务向标准化和体系化发展，而且通过调控机构内外部数据交互和共享，显著提高了调度管理的质量和效率。本章将重点对调度运行、方式计划、继电保护、自动化网安、综合技术专业的部分应用进行介绍。

第一节　概述

调度管理类应用是实现电网调度数字化、规范化、流程化和一体化管理的技术保障，基于调控云子平台，并在数智应用中心进行部署。调度管理类应用实现了电网运行及设备运行业务的规范化、流程化管理，多级调度及主子站间的业务协同一体化管理，调度机构内部综合技术管理等。同时支撑调度机构与外部的信息交换和共享，有效提升了调度精益化管理水平。调度管理类应用主要包括电网运行管理、安全稳定管理、设备运行管理、电源调度管理、综合技术管理、交互协同管理等应用功能。调度管理类应用总体架构见图12-1。

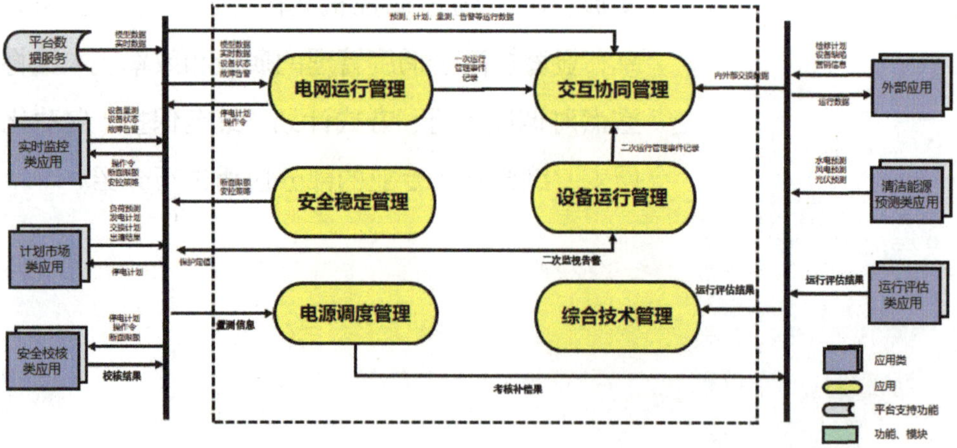

图12-1　调度管理类应用总体架构

第二节 调度运行

一、调度日志

调度日志作为调度运行人员记录电网运行情况的重要工具，它对日志记录内容进行了规范，通过固化排班管理规则、交接班管理流程，实现了对调度值班的规范化管理。此外，通过优化综合查询功能，调度日志还能帮助调度值班员进行快速搜索、统计分析。

1. 日志记录

日志记录功能对记录内容进行了细致的分类，根据需求提供故障记录、缺陷记录、异常方式、操作管理、计划检修等分类内容，利用调控云消息总线，日志记录实现与操作票、一次检修的横向交互以及与上级调度机构值班日志的纵向协同，并实现从实时监控类应用中接入故障告警、断面越限等信息（见图12–2）。

图12–2 调度日志记录

2. 交接班

交接班具备交班和接班功能，旨在帮助值班人员有效地完成工作交接。在交班过程中，交班人员会根据当前的工作状况编制详细的交班记录，这有助于接班人员快速了解上一班次的工作内容；接班人员在选择班次、日期后，需要双方人员履行签名确认手续后完成交班工作（见图12-3）。

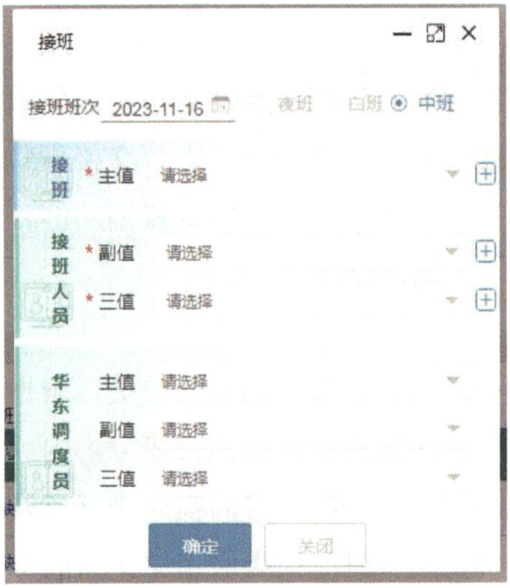

图12-3 交接班

3. 排班

排班功能用于设置调度值班班次和人员排班管理，并且可以通过排班和实际交接班信息进行工作量和出勤率统计，防止出现班次空缺或班次不合理的情况，并可以为人员管理和绩效考核提供基础数据（见图12-4）。

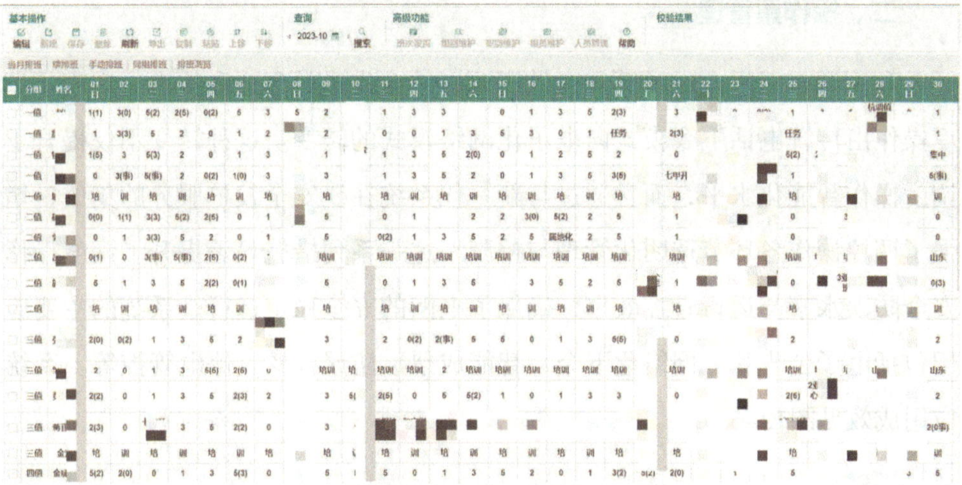

图12-4 排班功能

4. 综合查询

综合查询功能支持日志类型、记录时间、班次、日期、人员、关键字等多条件组合查询。用户可以根据需要，按照年度、月度、起止时间段等条件来查询值班统计信息，查询结果以列表形式展示。此外，综合查询功能还能实现任意时间断面值班信息的查询、展示、追溯（见图12-5）。

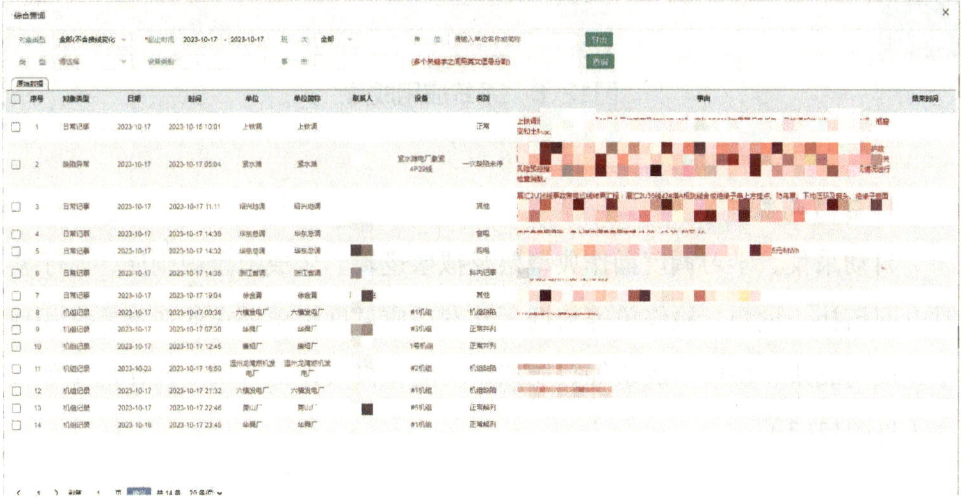

图12-5 综合查询

二、操作票管理

利用调控云平台的计算和存储资源，结合先进的理念和技术，实现了调度操作由传统电话下令模式向电子化网络模式的转变。这种转变不仅提升了调度操作智能化水平，而且通过与新一代系统在线安全校核服务的集成，增强了调控操作各环节透明化管理与控制。这一系列措施显著提升了调度操作安全防误水平与运行管控效率，确保了电网的安全稳定运行。系统的主要应用包括电子公告牌、网络化下令、智能成票、防误校核、停电管控等。系统应用成效见图12-6。

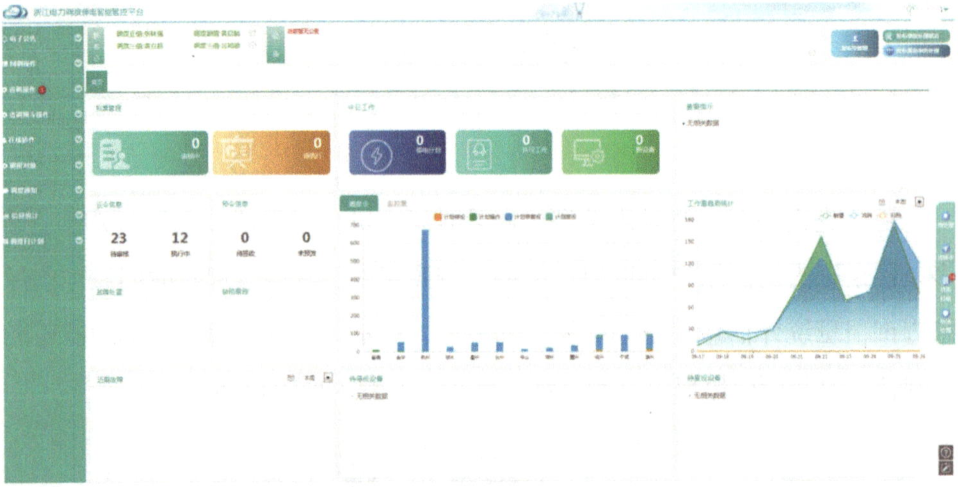

图12-6　系统应用成效

1. 智能成票

自动采集、学习调度操作典型票及拟票逻辑，生成拟票规则库，基于实时电网拓扑、量测、检修单等数据，开发适应调度拟票需求的典型票套用成票、反向成票、检修单成票等智能拟票功能，极大地提升调度操作的工作效率（见图12-7）。

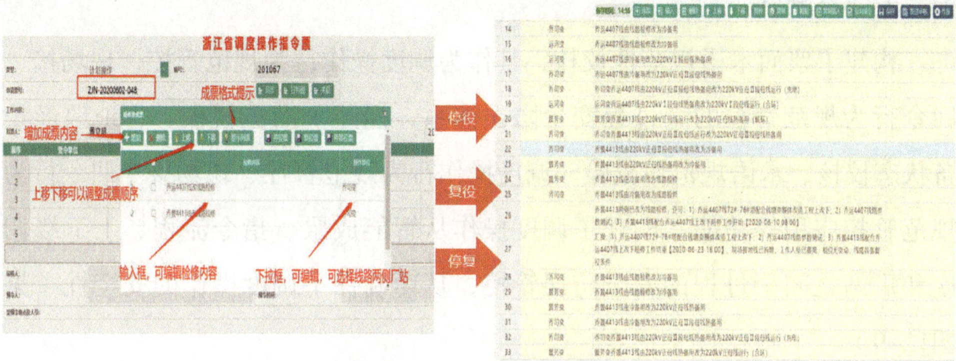

图12-7　检修单成票

2. **网络化下令**

支撑省地调度，统调电厂，220千伏运维、部分110千伏运维、35千伏运维日常操作调度下令，受令人复诵，确认复诵，受令人汇报，调度收令，确认收令网络化交互，极大地提升了电网操作效率。较以往下令方式提升主要体现在：每个电话指令的时间缩短了约2分钟、每条操作类指令减少调度两通电话、每条许可汇报类指令减少调度1通电话（见图12-8）。

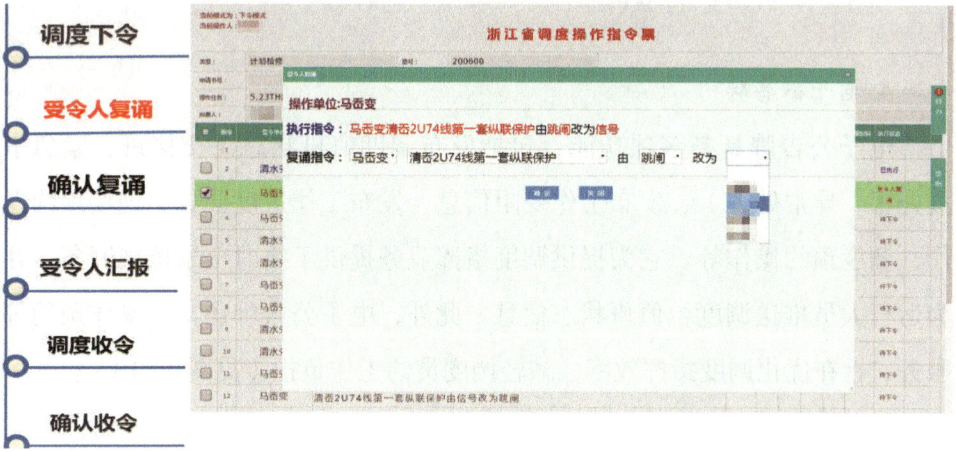

图12-8　网络化下令环节、复诵方式

3. 安全防误

构建了票面术语规范性校核，其作为调度操作行为规范管控，现场接、回令行为规范管控的全过程安全防误体系，涵盖了潮流校核、省地票面设备状态校核、术语规范性校验、调度操作行为规范管控、现场接令回令行为规范管控应用等功能，实现了调度操作从智能成票、指令流程、上下级调度和厂站之间全过程的安全防误管控，从而确保了调度操作的安全性（见图12-9）。

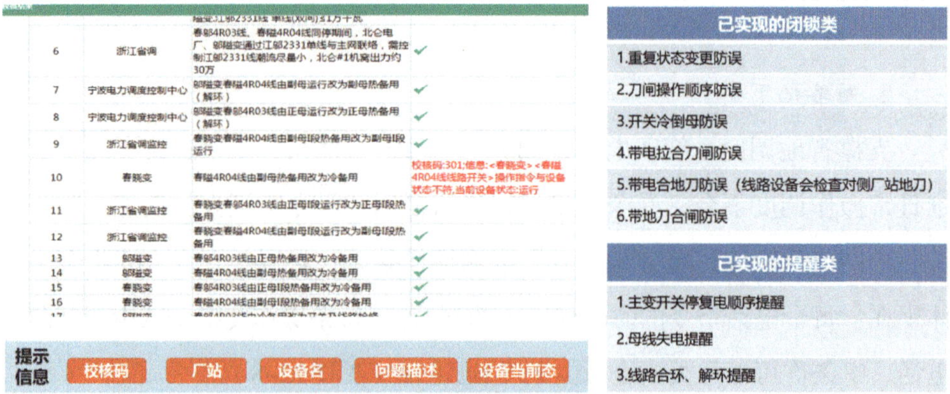

图12-9　票面术语规范性校核

4. 电子公告牌

电子公告牌具备多项功能，包括发布调度值班状态（交接班、紧急事故处置、异常处理）、发布工作受阻信息、发布工作进度公告、现场预约操作、调度预约操作等。它为提供调度指挥业务提供了实时全景监视服务，并为运行人员推送调度台值班状态信息。此外，电子公告牌还支持操作预约等服务，旨在优化调度指挥效率，减轻调度员的工作负担（见图12-10）。

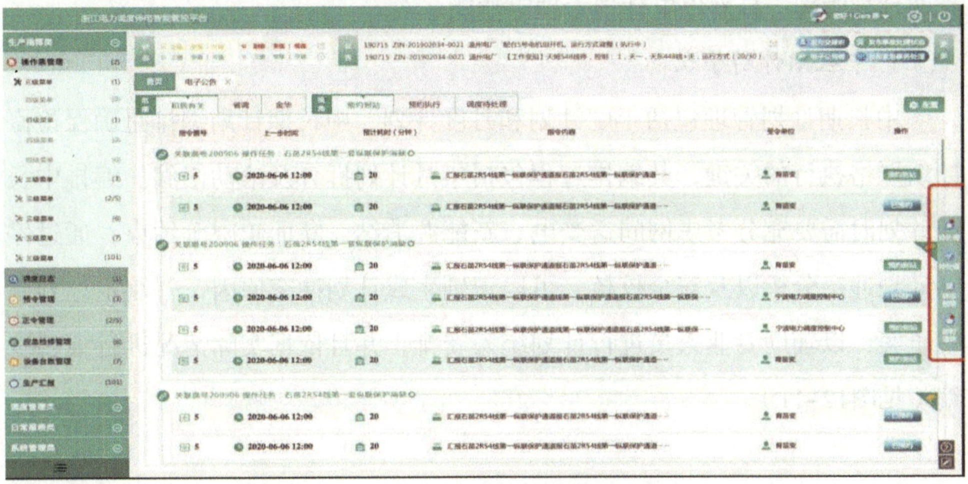

图12-10　电子公告牌

第三节　方式计划

一、检修计划管理

检修计划全过程管理旨在综合考虑电力系统的经济特性与电网稳定安全运行，管理过程依据《电网运行准则》及《国家电力调度控制中心设备停电计划管理细则》，依托调控云平台来制定停电窗口期，保障停电计划安排统筹兼顾，从而确保电网的运行安全。通过规范各类指标，提升了停电计划刚性管理，有效规避了因停电计划调整和设备临时停电而带来的风险。检修计划全过程管理以调控云平台模型数据及公共服务为支撑，通过停电计划组合优化、多周期计划滚动编制、停电风险闭环管控、横纵向高效协同，能够降低设备检修对电网安全、电力市场运行的影响。此外，这一管理过程还辅助专业人员更加合理地安排和执行停电计划。检修计划全过程管理主要包括中长期计划管理、日前停电计划管理等功能。

1. 中长期计划管理

中长期计划管理包括年度计划和月度计划，中长期计划编排是确保检修计划严格执行的关键，其编排过程包括年月计划拆分及滚动修编。编排中长期计划时需要充分考虑网间送受电、新能源消纳、断面越限等约束，通过停电计划冲突分析以及安全校核，可以识别生成计划冲突原因，并制定计划调整研案，以辅助专业人员进行计划统筹安排，并且依据实际情况进行滚动修编（见图12–11）。

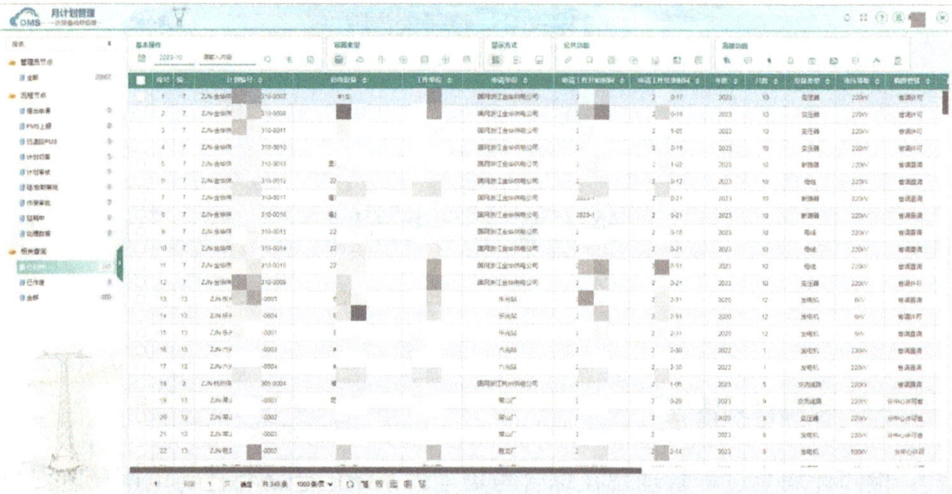

图12–11　中长期计划

2. 日前停电计划管理

日前停电计划涵盖计划停电、临时停电、年月计划免申报停电等类型。日前停电计划管理可以根据检修设备与申请停电开始时间、结束时间自动关联月度停电计划。日前停电计划在纵向上涉及分中心、省调、地调、县调互联；在横向上涉及与操作票、PMS、调度日志等应用互联。日前停电计划可以由电厂、检修单位发起，审核环节包括检修初审、检修审核、各专业会签、中心领导审核等步骤。在调度审核后，日前停电计划进入调度台执行阶段，此时可以根据日前停电计划生成操作票。日前检修计划审批过程见图12–12。

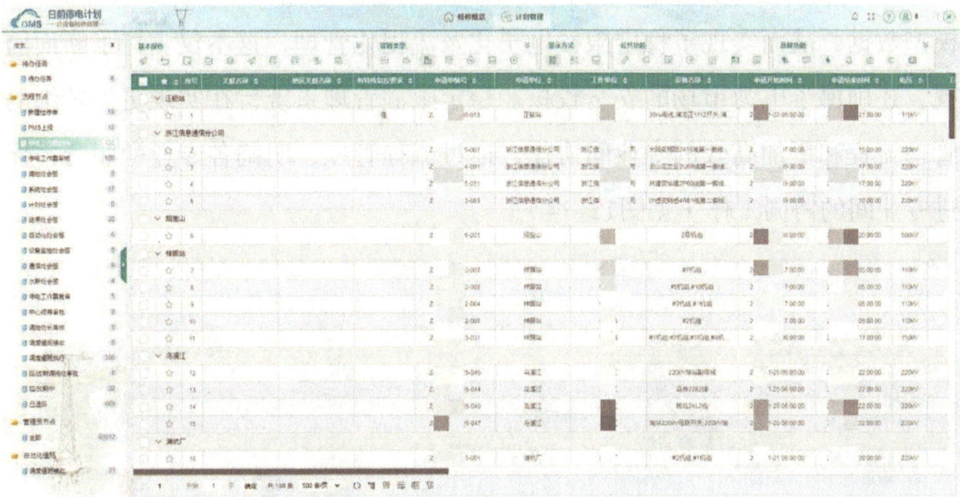

图12-12 日前检修计划审批

3. 计划执行率

计划执行率利用指标计算公式，计算考核周期内延改期月计划数、新增计划项数、延改期项数等指标。对于不计入考核的计划可以提出免考，免考信息包括免考原因、免考类型等，免考申请需提交至上级单位进行审批，已免考的检修计划不纳入指标计算（见图12–13）。

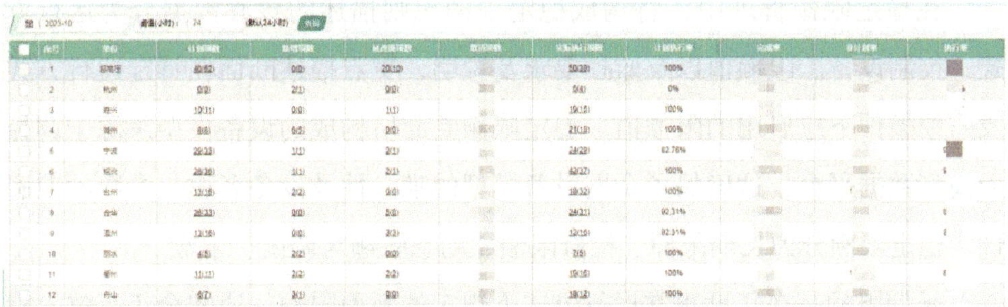

图12-13 检修计划执行率考核

二、稳定限额管理

稳定限额管理基于调控云模型及运行数据，实现长期规则、检修规则、临时规则的编制与管理，并通过稳定规则的结构化描述，构建了稳定限额模型数据，从而实现了稳定限额电子化及流程化管理，这不仅支持了断面监视，还确保了电力市场的安全校核。稳定限额管理系统旨在实现更加精细的管理流程和更加高效的专业间协作，通过流程管控，明确各专业的职责，促进专业间的协同工作（见图12-14）。

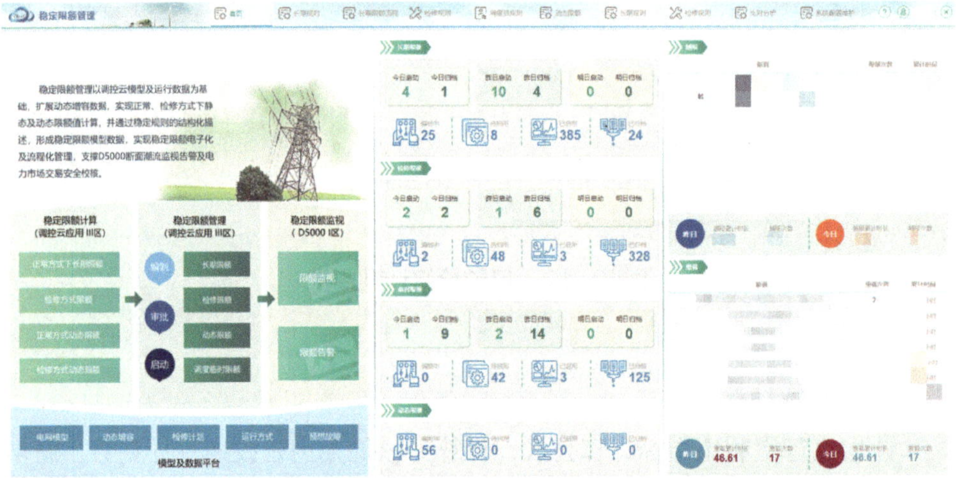

图12-14　稳定限额管理

1. 稳定限额编制

在稳定限额管理中，将构成稳定限额规则描述的核心数据分为运行方式、控制设备、限额值以及监控要求及说明，重点描述断面在特定运行方式及监控条件下应启用的限额值。稳定限额断面所构成的设备模型来源于调控云模型数据平台，这确保了全网设备模型的唯一性及设备名称与参数的准确性。稳定限额分为长期限额、检修限额、动态限额与调度员限额。

长期限额是在年度正常运行方式下规定的断面限额，通常全年有效。检修限额是在检修方式下规定的断面限额，由日前停电计划系统处会签节点编制并随检修单流转，其生效与失效时间与检修工作时间一致（见图12-15）。调度员限额是由调度员在处理电网异常或事故时临时设置的断面限额，通常为短时启用。稳定限额规则的优先级为：调度员限额>检修限额>长期限额。

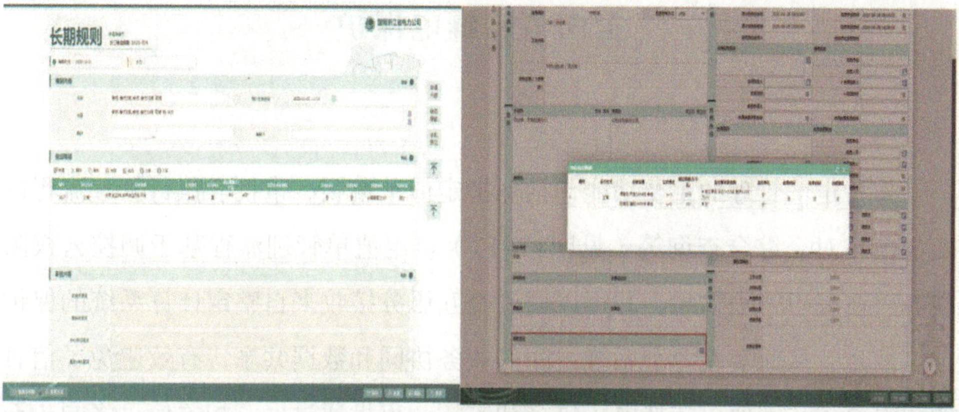

图12-15　长期限额、检修限额

2. 稳定限额同步

稳定限额编制完成后，通过文件发送至Ⅰ区，用于实时监视断面的重载和越限情况（见图12-16）。

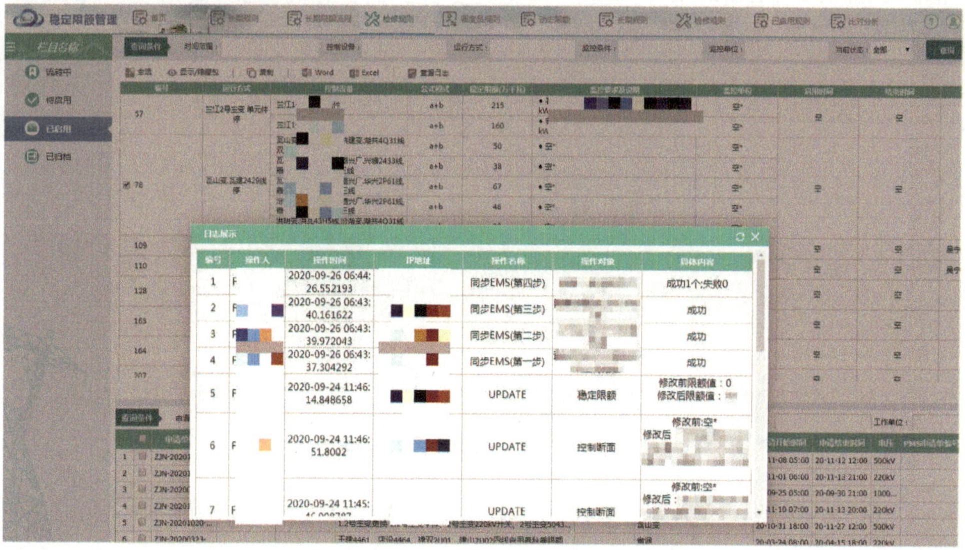

图12-16　稳定限额同步至Ⅰ区

第四节　继电保护

保护定值管理的主要功能包括保护定值单编制、审批、执行管理流程以及定值核对、综合查询等（见图12-17）。定值单管理流程基于调控云权限服务、流程引擎来实现，并可以通过交互服务接收来自整定计算系统的保护定值信息，从而实现两套系统之间的业务协同和数据共享，有效避免了信息的重复录入。定值单支持电子签名和签章，审批通过后，相关信息将同步至调度台和运维单位，在定值单执行完成后，将进行调度和现场核对，核对完毕流程归档。通过定期核对功能，可以快速实现全网定值单、装置定值的校核比对，从而大量减少人工核对工作量。

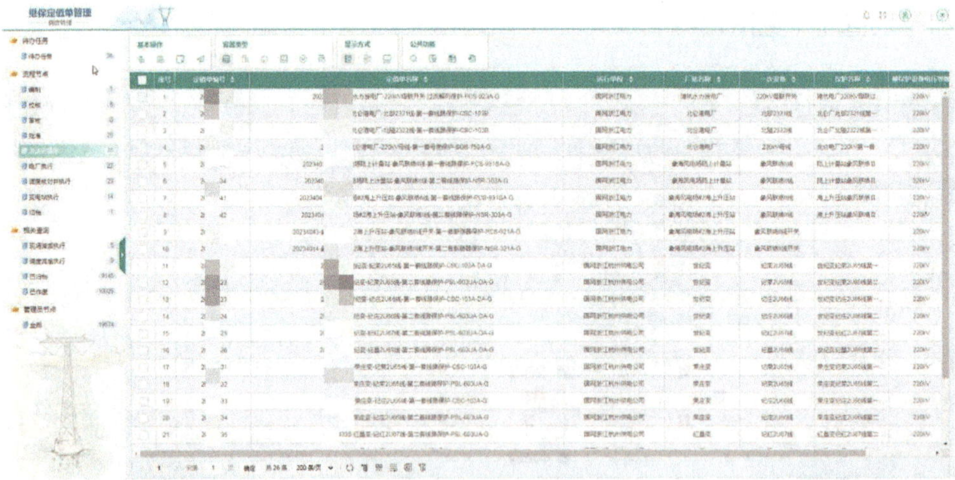

图12-17　保护定值管理

1. 保护定值单编制

保护定值单编制支持手工编制和外部系统接入两种方式，编制数据包括定值单编号、定值单名称、厂站名称、厂站电压等级、一次设备、设备电压等级、调度命名、保护型号、编制人、编制时间、备注、定值单文件、定值数据等信息。可通过对象化录入功能选择保护设备，点选厂站名称、一次设备或调控云保护名称按钮，进行对象化选择（见图12-18）。

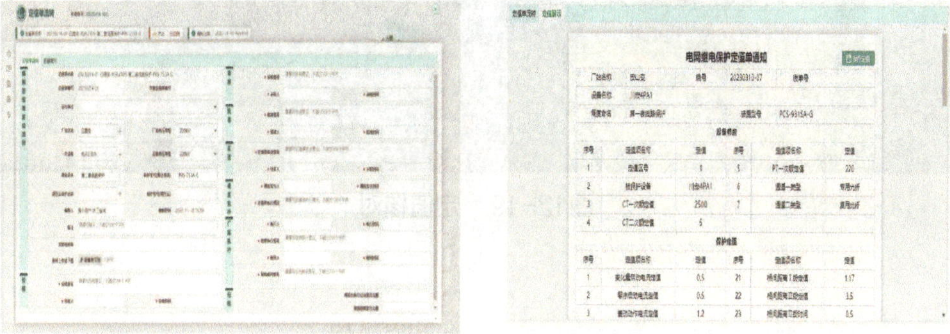

图12-18　保护定值单编制

2. 保护定值核对

基于统一模型、结构化定值单以及现场装置定值，能够进行系统与现场设备的定值核对。通过统计分析核对情况，并将核对结果在地理图和全息图中可视化展示，用户可以详细查看对应厂站下保护装置的定值核对情况，打钩的表示核对一致，打叉的表示有核对不一致的定值项，这样，用户可以进一步查看定值项核对明细，确保定值的准确性，见图12-19。

图12-19　定值核对

第五节　自动化网安

一、自动化网安日志

自动化网安日志模块规范了日志记录内容，通过固化排班管理规则和交接班管理流程，实现了对自动化值班的规范化管理。通过完善日常巡视内容、优化综合查询功能，可以辅助自动化值班员进行快速搜索与统计分析（见图12-20）。

1. 日志记录

日志记录功能规范了日志分类记录内容，基于调控云消息总线和内外部接口服务调用，实现与自动化检修、电力监控工作票、自动化缺陷管理的横向交互以及上下级调度机构的值班日志纵向协同。

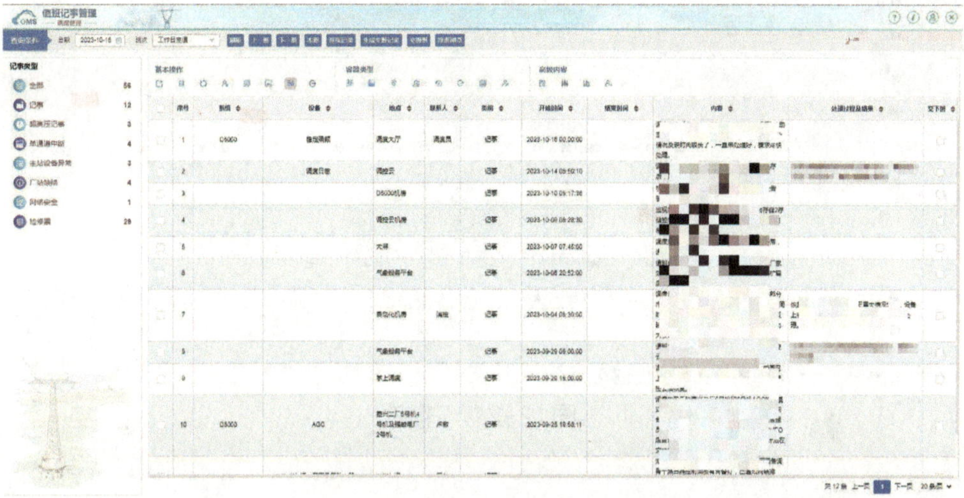

图12-20　自动化网安日志记事

2. 交接班

交接班具备交班、接班功能，支持值班人员顺利完成工作交接。交班人员可以根据当班情况创建详细的交班记录，帮助接班人员快速了解上一班次的工作内容；接班人员在选定班次和日期，并且双方人员履行签名确认手续后，才算完成交班工作。

3. 排班管理

排班功能用于设置自动化值班班次和人员排班管理，并且可以通过排班和实际交接班信息进行工作量和出勤率统计，防止出现班次空缺或班次不合理的情况，并可以为人员管理和绩效考核提供基础数据（见图12-21）。

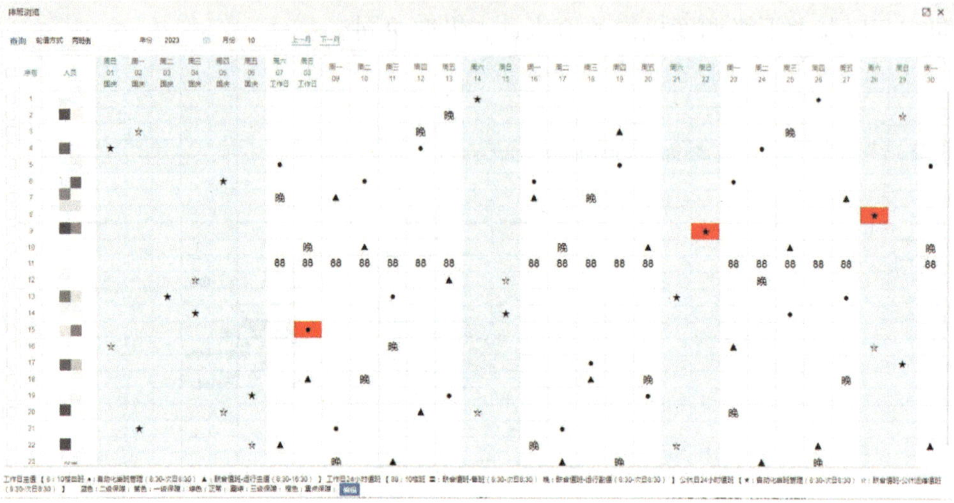

图12-21　排班

4. **综合查询**

综合查询功能支持日志类型、记录时间、关键字等多条件组合查询。其可实现任意时间断面值班信息的查询、展示、追溯。

二、自动化检修

自动化检修管理支持调度自动化网安系统软硬件设备的计划检修和临时检修管理，它具备检修工作申请票申请、审核、批准、开完工、延期和归档统计功能，并与自动化网安运行日志、自动化网安设备缺陷进行关联及数据交互。

1. **检修单管理**

厂站、主站运维检修单位通过该应用实现自动化系统及设备检修的填报，填报申请单的内容包括申请单位、检修类型、申请开工时间、申请完工时间、检修对象、检修内容等。填报完成后，通过调用工作流引擎服务，可以实现对流程的发送、回退、延期等功能。自动化检修单编制如图12-22所示。

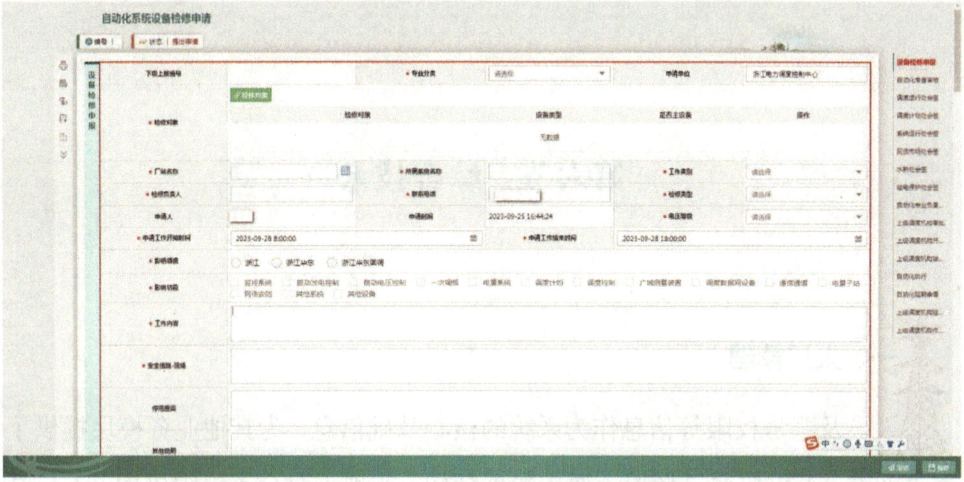

图12-22　自动化检修单编制

2. **综合查询**

通过对申请单位、申请单编号、检修对象名称、厂站名称、电压等级、检修类型、工作内容、时间等多条件进行组合查询，可以快速进行检修搜索与定位。综合查询的结果默认表格展示，双击可以直接打开检修单表单页面查看检修单详情（见图12-23）。

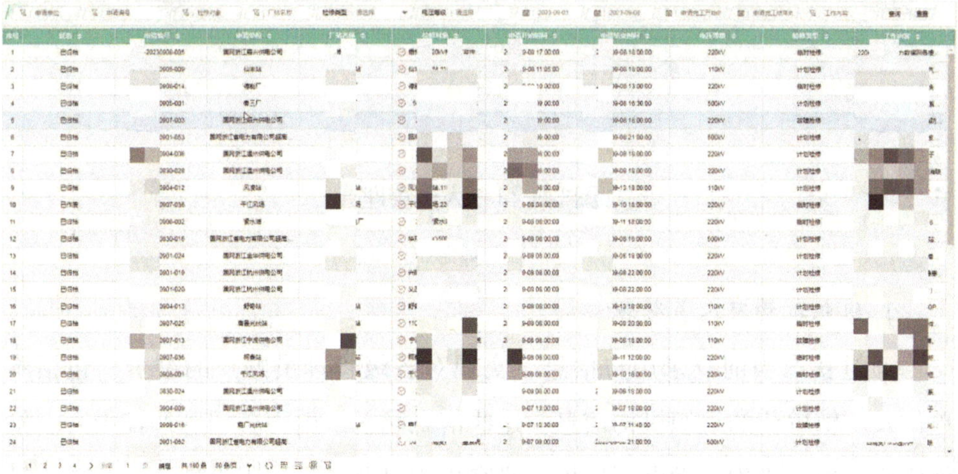

图12-23　综合查询

第六节　综合技术

一、人员管理

人员及账号权限等信息作为系统的核心基础信息，为其他业务模块提供了重要支撑。本模块通过调控云通用数据结构，实现了对全省组织机构、人员基本信息、账户管理、权限管理、证书管理的分层分级管理（见图12-24）。

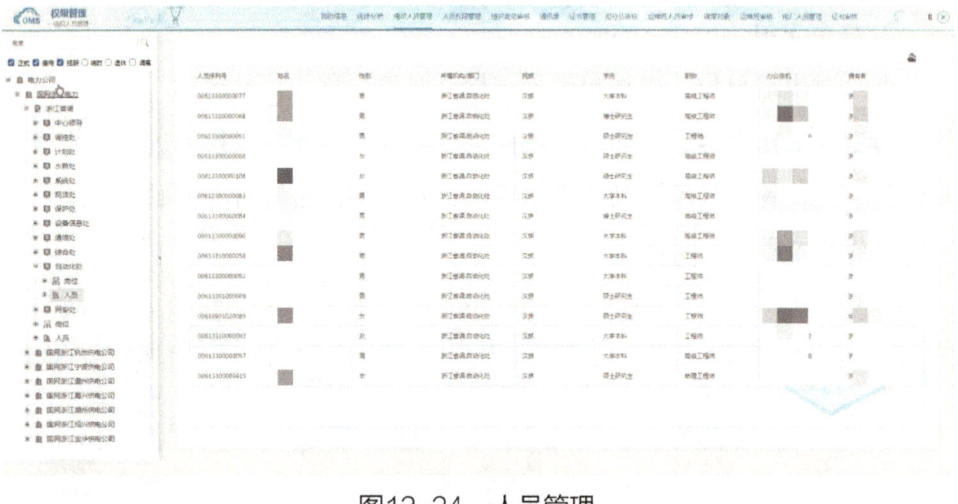

图12-24　人员管理

1. 组织机构及人员管理

通过获取当前登录用户信息，实现对各级管理员账户的维护，包括本单位及所辖单位的组织机构信息。这些信息涵盖了电力公司、调控中心、检修机构、内部机构、发电厂机构、研究机构以及各机构内设处室。各单位管理员既可选择调控中心、检修机构、内部机构、发电厂、研究机构的对应部门新建人员信息，也可选择对应人员进行信息维护，维护内容包括姓名、性别、身份证号、手机号、座机号、邮箱、人员类型等基本信息。在维护信息的过程中，系统具备对各属性进行校验的功能，这有助于提高数据的完整性及准确性（见图12-25）。

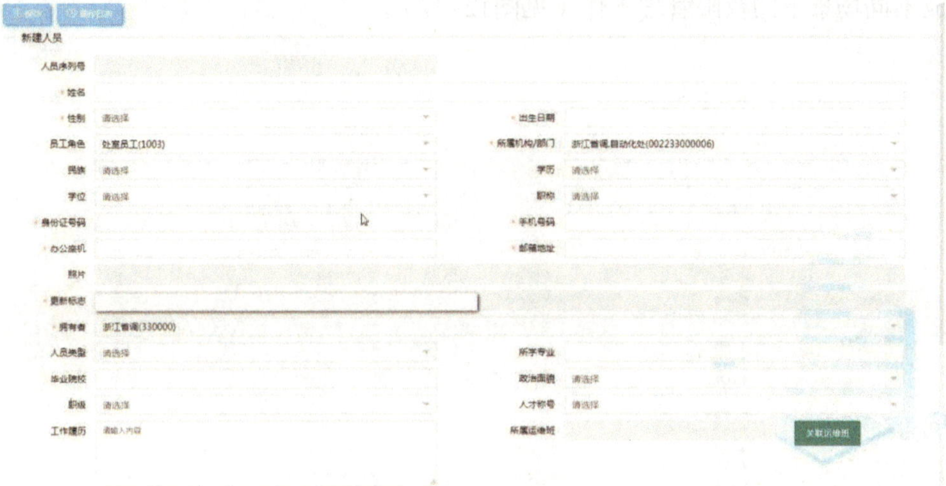

图12-25 人员信息维护

2. 账号信息管理

账号信息管理是在维护人员信息时，根据所填工号或身份证号自动创建的，各单位管理员可以选择对应账号进行账户状态、重置密码、禁用及解除禁用、查看账户登录相关信息等操作（见图12-26）。

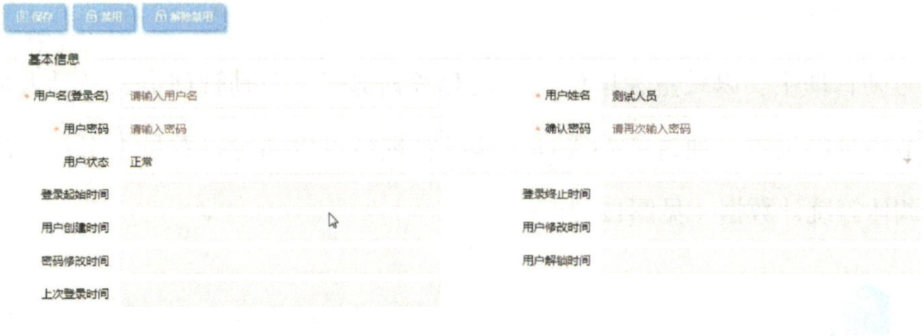

图12-26 账号信息管理

3. 权限管理

系统管理员根据需要将部分权限开放给各地区管理员，由各地区管理员对本单位及所辖单位的账户进行权限管理。各单位管理员可以选择按人员分配角色、按角色分配人员、按人员复制角色三种方式进行授权，从而快速完成不同场景下的权限管理工作（见图12-27）。

图12-27　权限管理

二、考勤管理

考勤管理主要以处室为单位，实现对考勤部门、考勤管理员、考勤人员以及节假日的设置。通过考勤管理，考勤管理员可以随时查看员工工作、出差、调休等统计数据（见图12-28）。

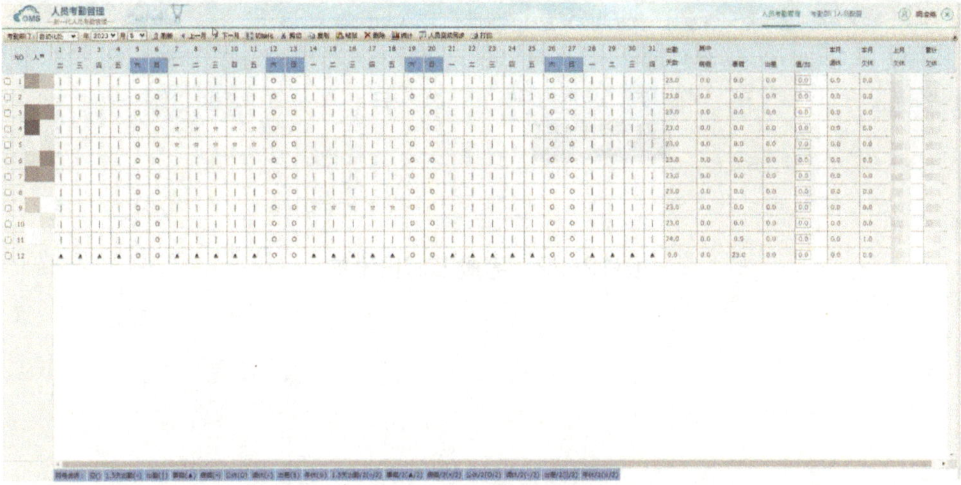

图12-28 考勤管理

1. 考勤数据维护

考勤数据维护包括考勤管理员和考勤人员的维护，主要功能是对各处室的人员操作权限进行配置，实现处室管理员设置功能。具有编辑权限的账户可对本处室员工进行考勤相关信息维护。考勤管理员在考勤管理应用中维护本处室员工考勤信息时，可利用系统提供的初始化、复制、剪切、粘贴、统计、人员变动同步等功能，实现考勤信息的快速准确录入和统计。

2. 节假日管理

系统支持节假日管理，考勤管理员可选中要修改的日期，进行工作日与节假日的调整，调整后，统计时会同步进行区分（见图12-29）。

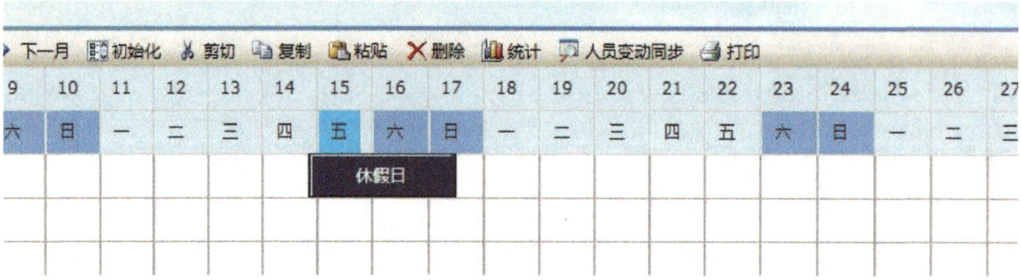

图12-29　考勤节假日维护

第十三章 应用场景

新一代系统的基础能力提升有效支撑了各业务应用建设，相较于 D5000 系统，其具备数据更加全面、功能更加丰富、运行更加快捷和配置更加灵活的特性。全面提升了实时态势感知、网络分析、源网荷协同控制与故障协同处置能力，实现了多维信息的一体化监视、主配协同的智能精准网络分析，以及省地协同的多元调度对象协同控制。同时提升了在线计算、仿真模拟与稳定限额管理能力，提供了丰富的运行方式和智能计算工具。

第一节　实时调度类应用场景

一、智能实时监控和态势感知

1. 全息动态电网一张图

基于新一代系统的海量数据处理与汇集能力，对全省35kV及以上电网的一次、二次设备模型与量测数据进行实时汇集，将监视范围由220kV~1000kV拓展至35kV~1000kV。同时，将原本分散的地理信息、电网模型、运行状态、环境因素、时空数据、公共资源等集合为一体，实现一次、二次设备信息、实时潮流、检修计划、故障告警等多维信息的一体化图形展示，支撑调度运行人员通过单一入口监视全网运行情况的业务需求。

通过结合电网一张图和供区联络图，可以实时查看母线结排情况。运用图形对象化技术，将业务对象封装在卡片中，集中展示关键的实时监视信息，如实时负荷、母线不平衡、检修信息、设备状态变化。基于对象化建模与动态分区的自动统计计算，能够自动生成分区的发电、受电、用电及供电裕度数据。

2. 电力保供数字驾驶舱

构建电力保供稳价数字驾驶舱，专注于电力平衡实时预警和经济运行辅助决策两大核心需求，有效缓解值班调度员面临的保供和稳价双重压力。在度夏负荷紧张期，开启保供模式，为调度员日内平衡争取宝贵时间，统调备用预测精度由98%提升至99.5%，达到国内领先水平；在负荷平稳期，切换至稳价模式，为调度员提供燃机开机方式优化、统调机组经济调度及日内现货申报辅助决策支持，确保在电力保供背景下，实现经济效益的最大化。全网供电能力全景展示如图13-1所示。

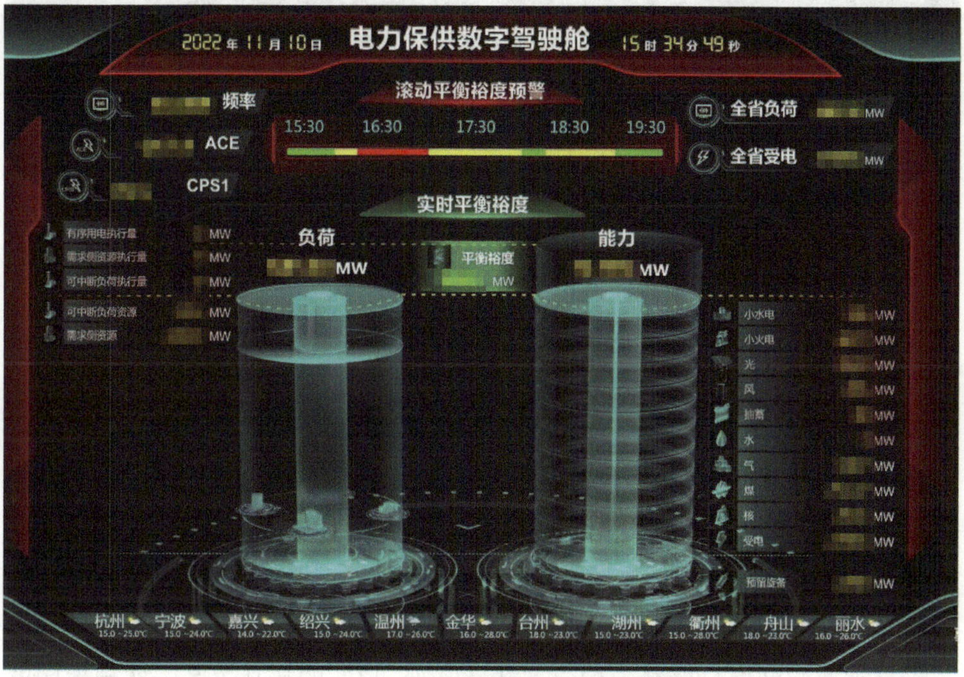

图13-1　全网供电能力全景展示

3. 宽频振荡在线监测

在大规模新能源集中接入和柔直换流站附近部署宽频量测装置，采用“分布计算，集中决策”的系统架构，实现对振荡频率在2500Hz以内的宽频振荡实时监测告警、扰动源定位及控制辅助决策，协助调度运行人员在实际电网发生振荡后快速辨别振荡类型，对扰动源进行准确定位，从而有针对性地采取紧急控制措施，保障系统的安全稳定运行（见图13-2）。

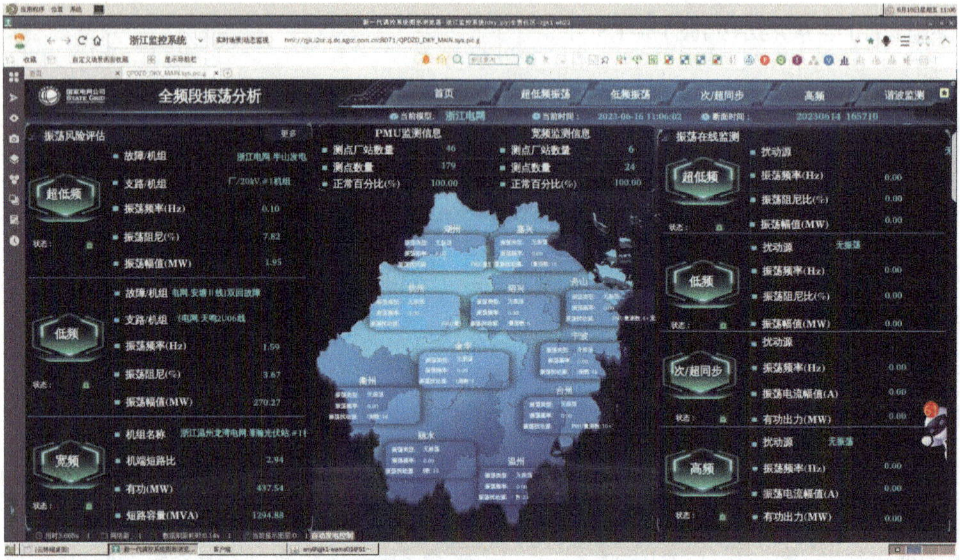

图13-2　宽频振荡在线监测系统主界面

二、智能精准网络分析

打破主配网信息壁垒，构建“站-线-变-户”的拓扑关系，实现地区电网主配协同网络分析，建立主配电网协同分析。研判电网运行薄弱环节，评估电网运行风险，并对风险设备进行负荷转供模拟分析，生成主配协同转供路径分析集合。包括主网转供路径，当主网转供路径不能转出所有负荷时，可将其余负荷通过配网联络开关转出。结合主配一体化模型、断面及配网设备参数，人工灵活选择不同供电路径进行合环操作风险分析，通过搜索得到环路路径，根据计算得到的合环过程中的最大冲击电流以及稳态电流，实现超前分析合环操作的可行性及合理性，在确保配网电网供电灵活性的同时，有效提高了地区电网供电的可靠性（见图13-3）。

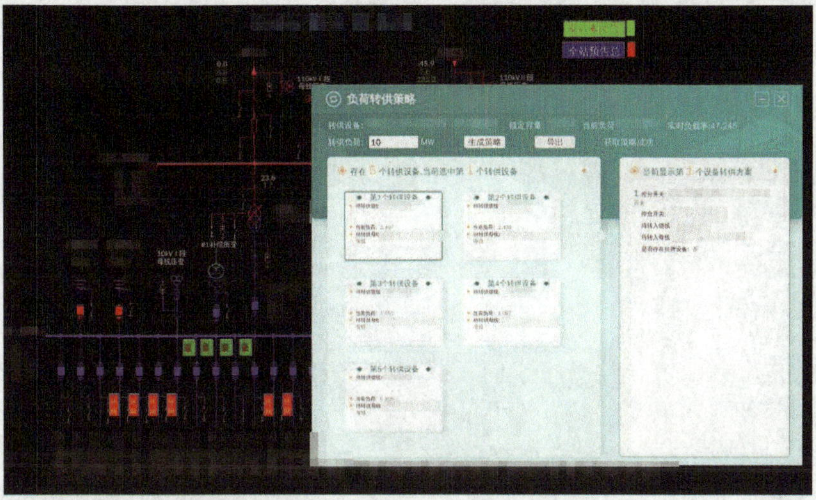

图13-3 主配一体负荷转供

三、源网荷协同控制

开发负荷调控管理应用，整合省地负荷资源，构建全省负荷资源池（见图13-4），实现对“秒级、分钟级、小时级”负荷资源的分类、统计、展示，通过流程化管理，对全省负荷资源进行统一维护和规范管理，确保各类负荷模型能够实现“源端管理、全网共享”。对各类负荷的调节能力进行监视及评价，建设负荷分析决策中心，优化分配调节资源，在迎峰度夏、迎峰度冬的关键时期，确保可调负荷在关键时刻能够“用得足”。同时，数字牵引营配调业务融通和信息共享，创新打造“一键响应”模式，确保负荷管理手段“用得好”。通过移动应用平台及时发布电网平衡和有序用电等关键信息，并结合短信通知功能，确保负荷调度能够快捷高效地执行。

图13-4　负荷资源池

四、故障协同处置

通过整合电网模型数据与外部气象灾害信息，利用故障预测模型来分析和预测气象灾害对变电站和线路的潜在影响，实现对故障设备停电影响范围分析及展示。按照故障的严重程度排序，自动生成电网风险预警单，并通过服务化的方式将相关重要信息推送给调度员，以辅助他们制定抗灾保电方案，从而实现灾害气象环境下电网的灾前预警防御。结合向导式故障处置智能助手，通过在线分析决策，提供实时故障处置建议及转供方案，实现灾中负荷快速恢复。灾后，分析台风影响、损失负荷、预警评估、故障恢复，生成台风总结报告，结合事故回演和灾后复盘，评估修正故障概率模型中的影响因子参数，提高故障概率预判的准确性，进一步完善故障预测模型，为公司的应急指挥管理提供高效支撑。台风灾情处置管理工作台如图13-5所示。

图13-5 台风灾情处置管理工作台

第二节 电网运行分析类应用场景

一、在线分析

1. 短路电流在线精细化评估

针对高比例新能源和高比例电力电子设备并网运行可能导致的短路电流超标问题，考虑新能源换流器和柔直换流站贡献短路电流与端电压非线性特点，实现考虑新能源、柔直等贡献的短路电流计算，提升短路电流计算的准确性；接入220kV主变在内的220kV及以上模型开展计算，后续将逐步扩大短路电流计算规模；在线评估结果与实际录波数据的大量比对显示，短路电流最大误差不超过1.0kA（见图13-6）。

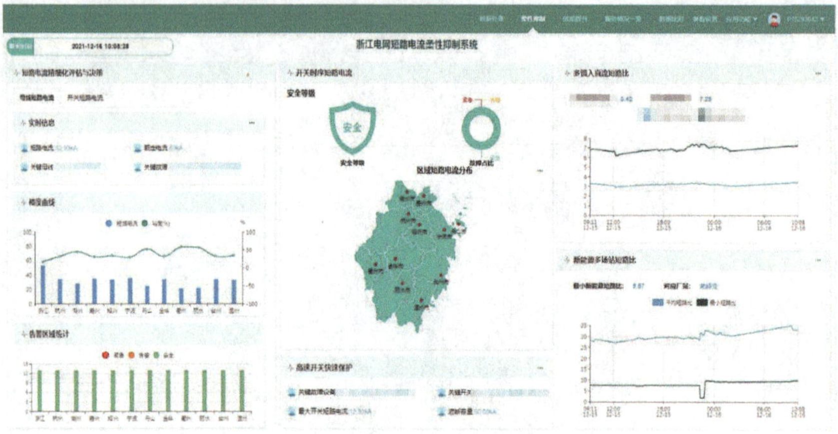

图13-6　短路电流在线精细化评估

2. 惯量及频率稳定在线分析

惯量及频率稳定在线分析功能，对电网同步惯量进行在线监视；自动生成直流双极闭锁及电厂全停故障，模拟预想故障下安控的正确动作或者拒动情况，仿真计算频率响应特性，以扰动后不触发第三道防线动作为前提，计算电网最小惯量需求和最大可承受扰动，在惯量不足时给出辅助决策措施，包括新能源调频功能投退建议和需预留的功率上调空间（见图13–7）。

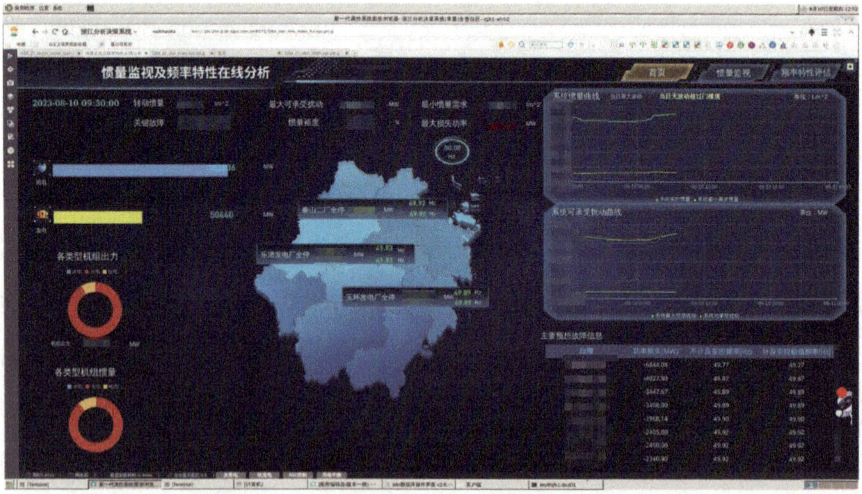

图13–7　惯量监视及频率特性在线分析

二、仿真模拟

运行方式生成工具通过规划态、随机潮流、发用电平衡等模块，实现了电网运行方式的自动生成、潮流的自动平衡以及有功和无功的自动优化调整。运行方式分析计算工具为运行方式管理人员提供了全面的基本计算服务，并为智能方式的高级应用提供了强大的算力支持，具备关键断面智能分析、稳定限额优化计算、停电风险自动评估、电网阻塞优化等功能。辅助决策工具针对电网中存在的短路电流越限、检修风险、电网输电能力受限等问题，提供了辅助决策或优化调整的建议，它具备网络重构、停电计划辅助决策、设备动态增容等功能。通过将这些关键技术和智能工具模块应用于日常的电网运行方式计算工作中，实现了智能计算、智能决策、智能预警、智能控制，这不仅有效降低了运行方式人员的工作量，而且提高了计算分析结果的准确性和完整性，从而大幅提升了大电网的安全稳定能力。运行方式智能计算工具箱如图13-8所示。

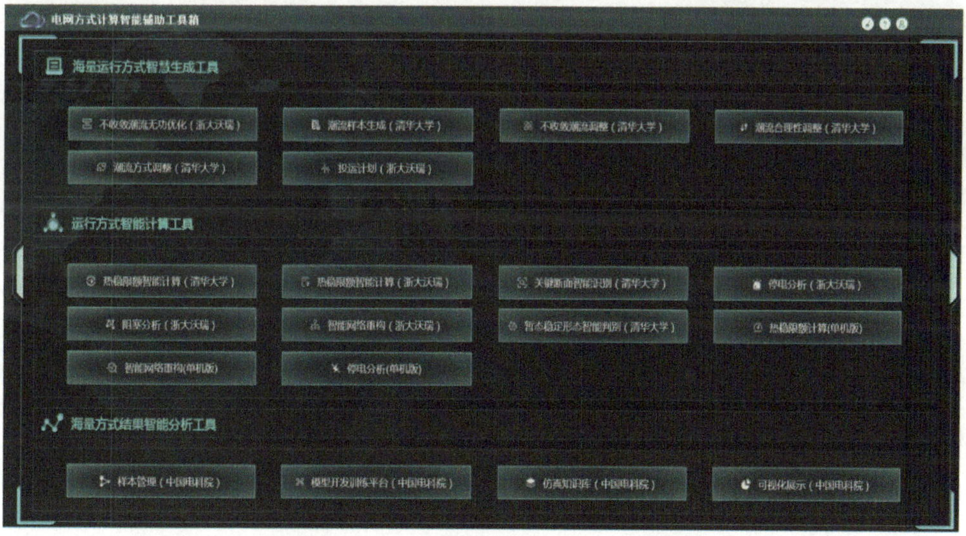

图13-8　运行方式智能计算工具箱

三、稳定限额管理

智能稳定限额，通过构建电子化稳定限额管理体系，实现了电子化限额建模、限额实时监视、限额在线分析服务的功能（见图13-9）。电子化建模，稳定限额以Ⅲ区进行限额管理、Ⅰ区进行限额监视的原则，通过标准的限额信息文件接口，实现Ⅰ区和Ⅲ区限额模型同步，最终完成Ⅰ区和Ⅲ区限额电子化模型的构建。限额实时监视，实现适应电网多种运行方式的拓扑识别，根据运行方式下不同条件（包括安控设备状态、温度、串补状态等条件）进行限额智能匹配，实现断面实时功率的自动计算，根据断面潮流值和实时功率实现断面预警等功能。稳定限额在线分析服务，通过标准化接口服务，为监视界面和各应用提供一个或多个断面的详细信息，包括控制设备实时数据、潮流值、所有限额的运行方式及匹配信息、灵敏度信息等。

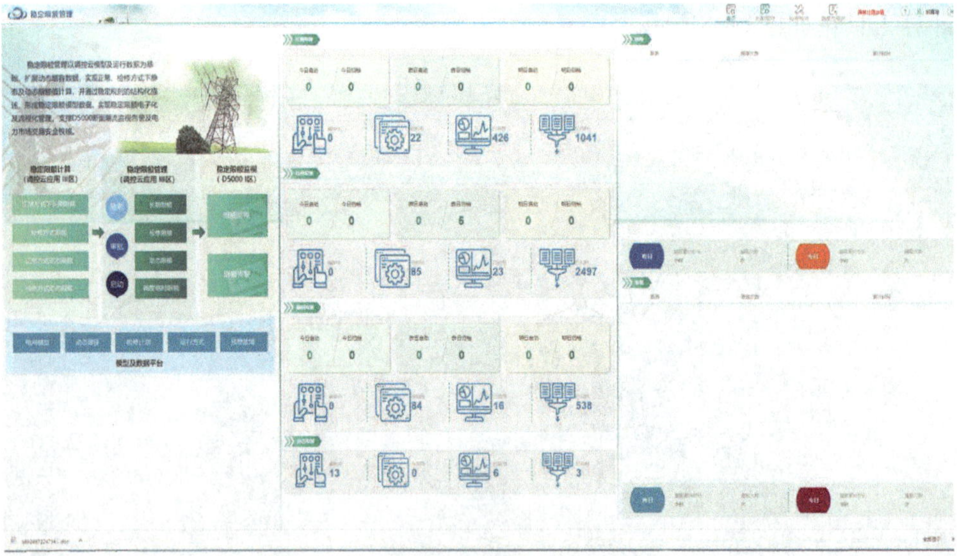

图13-9　稳定限额管理

第十四章 网络安全防护

新一代系统安全防护严格按照国家法律法规的相关要求，结合新一代系统结构形态、系统特征和技术需求，遵循“安全分区、网络专用、横向隔离、纵向认证”的防护方针，即坚持内控与外防结合、管理与技术并重的原则，旨在构建边界防护更坚强、纵深防护更立体、安全监视更智能、应急手段更高效、安全管理更严密的安全防护体系。新一代系统从结构安全、本体安全、应用安全、数据安全、安全服务、安全监视、安全管理七个方面实施安全防护措施。

第一节　结构安全

在结构安全方面，新一代系统根据业务应用的特性、功能模块的重要性以及各节点的功能差异，遵循国家信息安全等级保护的要求，合理划分安全区域，以重点保护生产控制系统核心业务的安全。

一、安全分区

生产控制大区包括安全区Ⅰ（控制区）和安全区Ⅱ（非控制区），管理信息大区则包括安全区Ⅲ和安全区Ⅳ。新一代系统部署于生产控制大区、管理信息大区和互联网大区。

安全区Ⅰ主要负责实时监控（包括电网稳态监视、操作控制）、自动控制（如AGC、AVC、APC）等应用和功能模块。安全区Ⅱ主要涉及安全校核、清洁能源预测（包括集中式新能源发电预测、新能源预测评估）、现货市场（日内市场、实时市场）等应用和功能模块。安全区Ⅲ主要涵盖调度管理、运行评估、培训仿真、现货市场（市场评估、市场模拟推演）等应用和功能模块。安全区Ⅳ根据部署网厂交互类等应用的中转服务。互联网大区根据需要部署各类应用面向互联网的前置服务、WEB服务、通信服务等对外接口服务。

二、安全接入

新一代系统的接入网络分为三类：调度数据网、公司其他数据网和互联网。调度数据网是由电力企业建立的、为生产控制大区服务的专用数据网络，承载电力实时控制、在线生产交易等业务。公司其他数据网是由电力企业建立的、调度数据网以外的数据网络，承载配网、分布式光伏、负荷控制等业务以及管理信息大区的纵向互联，如综合数据网、高速资源同步网等。互联网主要指由运营商建立的有线和移动通信网络，如公网有线网络、4G和5G等。接入对象分为三类：厂站类、终端类和业务系统类。

新一代系统中不同种类的接入对象通过允许接入的各类数据网络与主站进行广域通信。变电站（换流站）、统调电厂、储能电站等厂站监控系统，集控站系统以及满足网络覆盖条件的业务系统通过调度数据网接入生产控制大区。配电、负荷控制、光伏采集等终端，第三方负荷聚合平台等调度数据网未覆盖到的外部业务系统通过公司其他数据网或互联网VPN，经安全接入区接入生产控制大区。针对不同的通信通道或者不同的业务设立的安全接入区，原则上应该相互独立、相互隔离。国网车联网系统等公司其他业务系统可通过综合数据网信息VPN接入管理信息大区。互联网业务系统、调度管理类移动终端、网厂交互终端等可通过互联网接入。不同安全区之间禁止纵向交叉联接。

三、安全部署

1. 横向边界防护

新一代系统通过部署不同强度的安全设备来隔离各个安全区域，以实现横向边界的防护。生产控制大区与管理信息大区之间部署横向安全隔离装置，管理信息大区和互联网大区之间部署信息网隔离装置；安全区Ⅰ与安全区Ⅱ之间、安全区Ⅲ与安全区Ⅳ之间部署硬件防火墙。同一安全区内的不同安全域或子区间，采用防火墙、交换机VLAN、VPC（私有网络）等逻辑隔离措施。当新一代系统跨区传输数据时，可以使用跨区安全传输服务组件，与横向安全隔离装置配合实现安全高效跨区数据传输。

2. 纵向边界防护

新一代系统采用认证、加密、访问控制等技术措施来实现数据的广域网络安全传输。生产控制大区调度数据网纵向边界部署纵向加密认证装置，安全接入区纵向边界部署横向安全隔离装置和纵向加密认证装置。管理信息大区的综合数据网和高速资源同步网纵向边界、互联网大区边界部署硬件防火墙等安全防护措施。厂站、终端、业务系统根据接入网络的类型，部署纵向加密认证装置、微型纵向加密认证装置（简称“微纵”）、身份认证等安全防护措施。其中，具备遥控功能的控制类终端可以通过加密组件（电力专用加密卡、加密芯片等）进行安全防护；不具备遥控功能的采集类终端可以通过微纵进行安全防护。

第二节　本体安全

新一代系统通过实施本体安全防护措施，确保了计算机主机设备、网络设备、安全防护设备、操作系统、数据库、业务软件等的安全性和可控性。这些安全防护措施主要包括可信验证、加密认证Ukey、指纹识别装置、网络流量恶意代码监测装置等。

一、硬件安全

计算机主机等设备满足安全自主可控要求，并支持电力专用安全部件（加密卡、可信验证模块等）和通用安全部件（加密认证Ukey、指纹识别装置、人脸识别装置等）的安装与运行，支持自主可控安全操作系统的安装与运行。设备的关键部件，如电源模块、硬盘等，具有容错、冗余或热拔插等安全功能。

二、软件安全

1. 基础软件安全

新一代系统采用满足安全自主可控要求的操作系统、数据库和中间件等基础软件，并通过国家相关机构的安全检测认证，以防范基础软件存在恶意后门等安全风险。操作系统和数据库按照统一要求，进行定制化管理，裁剪非必要组件并完成标准化加固，同时将相关网络安全信息上传至网络安全管理平台。

操作系统实行三权分立，设置系统管理员、系统安全员和系统审计员，按照职能分割和最小授权的原则进行授权；开启身份鉴别和自主访问控制，对主体和客体设置安全标记，并依据安全标记和强制访问控制规则确定主体对客体的访问；用户、进程等只能以特定权限访问系统资源（包括文件、设备、其他进程、数据库表和字段等），以实现对业务程序更精细化的权限管控。

数据库按照最小授权的原则对数据库中的权限进行分配应用，避免过度授权。启用相应的数据库审计功能，能够审核数据库管理和安全相关操作的信息。

2. 业务软件安全

新一代系统业务软件具备进程空间增强（防篡改、防注入、防调试）、白盒密码数据保护、业务程序编译选项安全检查等自身安全防护功能，在进程、存储、通信等基本颗粒层面进行安全防护，以提升自身的安全防护水平。

三、可信验证

新一代系统采用基于可信计算的安全免疫防护技术来加强自身安全防护。在关基子区中的服务器、跨安全区传输的网关服务器、安全接入区的采集服务器等关键设备上部署软件或者硬件可信根、可信免疫模块，防止恶意攻击对新一代系统的关键程序、控制指令、关键数据进行篡改、窃取和破坏。

四、恶意代码防范

新一代系统在网络和主机层面统一部署恶意代码防范措施。在未采取可信免疫措施的工作站和服务器上部署防恶意代码客户端，在安全区Ⅰ、安全区Ⅱ、安全区Ⅲ中的业务处理域部署网络流量恶意代码监测装置，以收集网络流量和主机流量，有效防止病毒、木马等恶意程序对新一代系统的侵害。

第三节　应用安全

新一代系统在安全认证、访问控制、安全审计三个方面加强应用安全防护。利用安全认证技术，对人机云终端、用户、服务、消息代理进行验证，确保设备、人员、应用的可靠性；通过访问控制技术，对用户访问业务资源的权限进行核实，避免用户进行未授权的访问；使用日志服务记录重要操作，确保业务应用的行为可被审计。

一、身份认证

身份认证采用调度数字证书、生物特征识别等技术，确保人机访问时用户身份的真实性和可信度。其主要功能如下：

- 对登录用户进行身份识别和验证，确保身份标识的唯一性，同时要求身份验证信息具有一定的复杂度，并定期更新；
- 具有登录失败处理功能，配置并启用结束会话、限制非法登录次数和当登录连接超时自动退出等相关措施；
- 广域登录时，采取必要措施以防止身份验证信息在网络传输过程中被截获；
- 采用口令、调度数字证书、生物特征识别等两种或两种以上组合的鉴别技术对用户进行身份认证。

二、访问控制

访问控制贯穿于业务数据访问、业务操作执行等交互过程，它能够根据用户的访问权限及业务操作权限，对相应业务资源的访问与操作进行控制，从而防止任何未经授权的行为。其具体功能如下：

• 基于角色对访问人员进行授权，确保他们只能在权限范围内访问业务数据和执行业务操作；

• 基于三权分立的原则，授予各类管理账户所需的最小权限，以实现管理账户的权限分离；

• 为主体和客体设置安全标记，由授权主体配置访问控制策略，明确主体对客体的访问规则。访问控制的主体包括用户和进程，客体则涵盖新一代系统所有受保护的业务数据，包括但不限于功能资源、文件资源、数据库记录等。

三、安全审计

安全审计功能覆盖新一代系统的每位用户和业务应用，对用户和业务应用的重要操作行为进行安全审计，其具体功能如下：

• 记录用户的登录和注销信息、权限验证信息以及人机访问信息；

• 记录业务应用的重要操作行为信息，并提供操作行为信息的采集接口，以支撑网络安全管理平台的应用行为异常分析；

• 记录服务调用的详细轨迹，支撑新一代系统的服务故障定位、调用路径分析等；

• 记录事件发生的日期和时间、用户、事件类型、事件内容、是否成功等信息；

• 对审计记录进行保护，定期备份，以防止记录被意外删除、修改或覆盖等；

• 对审计进程进行保护，防止未经授权的中断。

第四节　数据安全

新一代系统对数据进行分类分级并在数据的存储、传输、使用等生命周期的各个阶段实施数据安全防护。根据不同数据的类型和级别，采用脱敏、审计、溯源、水印、加密、备份等不同的防护措施和策略，以确保新一代系统数据的安全性。

一、数据分类分级

新一代系统根据各类业务应用的特点，明确划分方法，梳理数据安全防护需求，并据此形成数据安全分类分级结果，为数据安全防护奠定了基础。

新一代系统按照调度系统数据的基本特征，将数据分为模型数据、运行数据、实时数据及管理数据四大类，并根据数据遭到篡改、破坏、泄露或者被非法获取、非法利用，可能对电网运行或公司利益造成的危害程度，将调度系统数据从低到高划分为三个等级。

二、数据存储安全

数据存储是指调控数据以任何数字格式进行存储的阶段，包括数值、字符或二进制等形式。数据存储采用可靠的存储介质，并采取定期备份、异地备份措施，备份数据具备完整性检测和恢复机制。

数据存储应根据不同安全级别采取相应的访问控制、数据审计技术，采用国家密码主管部门认证的加密技术，以确保存储过程的完整性和保密性。

三、数据传输安全

数据传输是将调控数据通过网络方式从一个实体传输到另一个实体的过

程。数据传输选用可靠、稳定的传输通道，并根据数据的安全级别，采用专用通道、安全通信协议，使用加密、签名验签等相应措施。

新一代系统在确保数据传输的及时性和完整性的同时，对不同安全级别的数据传输进行分级管控。

四、数据使用安全

数据使用涉及对调控数据进行处理的阶段，包括计算、建模、分析、可视化等操作。

在数据使用过程中，系统会建立内部责任机制，明确数据应用场景，限制用户使用数据的范围，根据不同安全级别采取访问控制、监控审计、水印、脱敏等技术措施。对数据使用进行监控审计，能够预防使用过程中和输出结果造成的安全风险。

新一代系统采用数据脱敏、分析、应用和导入导出等手段，对不同级别的数据使用进行分级管控。

第五节　安全服务

新一代系统业务应用的认证、鉴权、加密、数据水印、数据溯源等相关功能，由统一的安全服务来实现。安全服务作为公共服务部署在支撑平台上，主要包括认证服务、权限服务、数据安全服务等。

一、认证服务

认证服务主要包括入网认证、身份认证、服务认证和通信认证等安全认证服务，基于调度数字证书、生物特征识别等技术，确保在终端入网、用户登录、服务访问、消息代理启动等环节中，用户和设备的身份真实可靠。

当人机云终端接入网络时，基于自身的硬件信息，采用入网认证服务，通过安全认证网关进行入网认证，认证成功后方可接入新一代系统；用户登录时，使用身份认证服务，结合口令、调度数字证书、生物特征识别中的两种或两种以上身份认证方式；应用客户端执行手动控制类等重要操作时，对用户进行二次身份认证；服务发布时，采用安全认证服务，基于调度数字证书进行双向认证；服务请求时，系统会对服务请求者的身份进行认证，认证成功后会进行服务响应；消息代理启动时，采用通信认证服务，利用调度数字证书进行双向认证。

二、权限服务

权限服务主要包括权限配置服务、鉴权服务，实现新一代系统受保护业务资源的安全访问控制。业务应用通过调用权限配置服务来完成业务资源、角色、用户授权等权限配置，实现权限配置的服务化；当用户登录云桌面时，系统会通过调用鉴权服务来鉴定用户对应用客户端的启动权限，防止未授权的启动行为。在用户访问受保护的数据资源或执行受保护的操作前，系统调用鉴权服务来评估用户数据访问权限和业务操作执行权限，拒绝未授权的访问及操作。

三、数据安全服务

数据安全服务为新一代系统的重要数据提供数据加密、水印、溯源和脱敏等安全功能。传输重要数据时，业务应用会调用加密服务，对重要数据进行加密和签名，确保数据传输的机密性和完整性。存储重要数据时，同样会调用加密服务，对重要数据进行加密存储，确保数据的机密性。存储重要文件时，业务应用会调用加密服务，对重要文件进行透明加解密，确保文件存储的机密性。

导出或分发重要数据时，业务应用通过调用数据水印及溯源服务，根据数据导出账户信息、组织机构、时间戳等信息添加标记生成水印。发生数据泄露时，业务应用通过提取水印并匹配关联者信息，发现数据泄露路径，追溯泄露源头。在向普通用户展示或与对外部门共享敏感数据时，调用数据安全服务会自动进行数据脱敏处理。

第六节　安全监视

新一代系统通过安全监视功能，进一步增强了对安全分区内业务系统和设备的探测和感知能力，对安全区Ⅰ、安全区Ⅱ和安全区Ⅲ内各类资产进行全要素采集，并可根据采集内容实现安全告警智能分析、风险预警和安全事件响应处置。安全防护措施主要包括Ⅰ型网络安全监测装置、安全监视告警软件、告警智能分析软件等。

一、采集监视

新一代系统对安全区Ⅰ、安全区Ⅱ和安全区Ⅲ内的所有资产进行安全监视，逐步丰富IDS、WAF、追踪溯源等网络安全监视手段。在网络安全管理平台现有主机设备、网络设备、数据库、安全设备等采集对象的基础上，进一步扩展新一代系统中虚拟机、中间件、业务应用等对象采集范围。同时，网络安全监视与二次设备监视实现了统一采集，确保采集内容共享使用。

新一代系统通过安全日志、安全基线、安全事件、网络流量等方式来收集安全区内各类资产的网络安全信息。其中安全基线采集资产的网络、进程、状态、行为等基础信息；网络流量采集采用流量采集装置，采集网络空间全流量。

二、智能告警

新一代系统在智能告警分析方面，运用专家知识图谱、威胁情报关联、机器学习等技术手段，在网络安全管理平台基于规则的安全事件分析的基础上，逐步构建智能化告警分析引擎。实现操作行为异常事件分析、降低违规网络访问安全事件误报率、提升设备运行状态动态异常分析能力。

三、响应处置

新一代系统根据安全事件的影响范围、威胁程度，进行响应处置，逐步实现多级阻断和一键停控，以防止事件的进一步蔓延或升级。

新一代系统根据自身的网络结构特点，从会话、设备、厂站等维度实现多级阻断。具体的安全处置措施包括厂站设备阻断、厂站区域阻断、主站会话阻断、主站设备阻断等。

一键停控功能够实现对主站下发至厂站的遥控、遥调、负荷调节等远程控制指令实时阻断，防止主站安全事件影响范围扩大。

第七节　安全管理

为了确保新一代系统的网络安全，建立了一个全面的网络安全管理保障体系，该体系覆盖了研发安全、安全检测、版本管控、供应链安全、专用安防装置集中测配、运维安全、安全评估等关键环节。

一、研发安全

按照GB/T 22239—2019、DL/T 1455—2015、Q/GDW 11766—2017、Q/GDW 11205—2018等标准的要求，加强了研发环境、研发流程、代码安全管理、研发安全测试等方面的管控。

二、安全检测

按照DL/T 1455—2015、Q/GDW 11766—2017、Q/GDW 11205—2018等标

准的要求，对新一代系统进行安全检测，通过检测后方可入网使用，以此预防新一代系统潜在安全缺陷和软件漏洞。

• 新一代系统在入网之前或发生重大变更之后，须通过具备国家检测资质的第三方权威检测机构进行安全检测，包括业务安全和通用安全的检测，专用安防设备硬件应满足型式试验的检测要求。针对检测合格产品，需要完成版本信息的收集；

• 在人机安全、通信安全、服务安全、数据安全、应用安全、进程安全、运行安全等多个方面，结合软件业务逻辑和行为特征，验证安全防护机制的有效性；

• 在身份鉴别、访问控制、安全审计、入侵防范、剩余信息保护、抗抵赖等方面，对新一代系统进行通用安全检测，以便发现并修复系统安全漏洞；

• 新一代系统控制类应用软件在部署前，通过代码安全检测，在内存使用、数据处理、文件操作、输入/输出验证、注入验证、资源使用、异常处理等方面，发现代码中存在的安全风险，形成代码安全检测报告；

• 对于已投入运行系统、设备的软件版本，一旦发生变更，必须对变更后的软件进行安全检测。

三、版本管控

按照GB/T 36572—2018及相关企标等的要求，对新一代系统运行软件进行版本管控，实现版本信息采集、发布、校验、监视与管理，限制未通过检测的软件版本入网运行，防范业务安全风险。

四、安全评估

按照GB/T 22239—2019、GB/T 39786—2021、国家能源局36号文、《关键信息基础设施安全保护条例》等标准规范的要求，对系统进行安全等级测评、安全评估、商用密码应用评估。

• 常态化开展等级保护测评、安全评估、商用密码应用评估工作，在系统上线投运前、升级改造后必须安全评估，只有通过评估才能投入运行，在运行阶段按系统定级定期开展评估工作；

• 对于安全评估中发现的问题，需要结合日常安全监控数据进行分析评估，以便挖掘潜在安全隐患；

• 一旦发现安全隐患，必须及时进行整改，并建立闭环管理机制，同时，评估方案和整改结果需要向上级调度主管部门进行备案；

• 等级保护测评工作与安全防护评估工作、商用密码应用安全性评估工作同步进行，以实现测评数据的共享和复用；

• 参与评估的机构及人员必须稳定、可靠、可控，并与被评估单位签署长期保密协议。根据国家和公司的有关要求，对生产控制大区安全评估的所有记录、数据、结果严格保密；

• 安全评估需要严格控制实施风险，确保评估工作不影响系统的安全稳定运行。

五、运维安全管理

建立新一代系统运行维护规范化操作机制，强化运维的身份认证、人员权限、流程审批、安全监视及安全审计，确保运维过程在事前、事中、事后都能实现有效的管理、控制和追踪。

• 运维工作开始前，应明确规范运维人员的职责、运维场所、运维活动范围并对运维人员进行分权设置，避免权限过度集中；对运维工单进行审批，审批内容应至少包括起止时间、运维人员、运维对象、操作权限等；

• 运维过程中，需要对运维人员的身份进行验证，对操作行为进行实时监视并上报至网络安全管理平台，对于运维人员在运维过程中产生的高风险操作行为，应进行二次授权；

• 运维结束后，应对运维人员的登录行为、操作行为、高风险指令操作、文件上传下载等进行审计。

第十五章
应用运维

新一代系统应用运维主要涉及新改扩建变电站图模维护、厂站联调及系统日常巡视。本章将主要介绍如何在新一代系统中开展变电站图模维护；利用智能信息联调功能进行厂站信息联调；通过一体化运行监视功能，为现场系统运维人员快速掌握系统运行概况提供支持。

第一节　图模维护

新改扩建变电站接入工作，首先要完成变电站的图模维护。主要流程包括从模型管理中心维护厂站图、厂站一次模型参数等信息，通过图形同步、模型同步程序，将省调、地调实时监控中心需要的图形、模型参数文件同步至Ⅰ区，图形文件同步至Ⅰ区后，用户通过在图形上新建私有图层方式，添加需要展示的信息；模型入库后，即可开展私有模型及三遥信息点表维护；开展该厂站公式定义、告警分类及延迟配置、限值配置、责任区定义等相关工作。图模维护流程如图15-1所示。

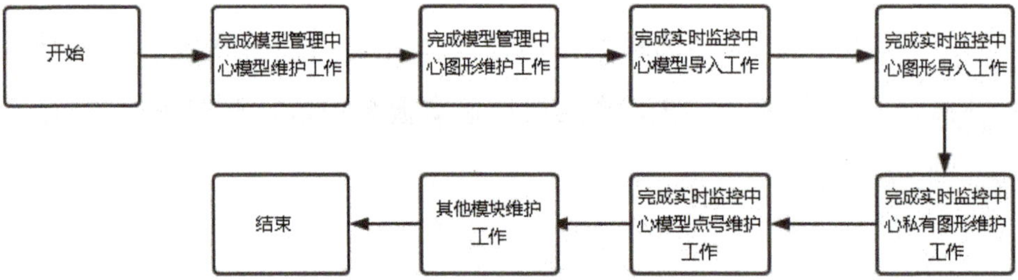

图15-1　图模维护流程

一、模型管理中心模型维护

新一代系统中相关的一次设备及图形由模型管理中心同步至Ⅰ区，为此，首先需要在模型管理中心的一次模型维护模块中开展相关设备建模工作，涉及220kV及以上厂站新增设备，并通过新设备启动流程维护来进行。

1. 新建厂站

在一次模型维护模块中，通过厂站下的发电厂或变电站新增厂站，可以打开新建厂站的页面（见图15-2），填写发电厂名称、接入电网、发电厂类型、运行状态等（带“*”字段）设备参数后，即可完成厂站的新建。

图15-2 新建厂站属性界面

2. 新建设备

在一次模型维护中选择一次设备，在想要新增设备的厂站中选择相应的一次设备（见图15-3），选择了设备类型后，填写相关信息（带“*”为必填字段），完成信息的填写后，即可完成设备的新建。

图15-3 新建设备类型

例如，新增断路器设备，点击“新增”按钮，选择“断路器”，在弹出的编辑界面，完善设备型号、额定遮断容量（kA）、设备名称、电压等级、所属厂站、运行状态、投运日期等信息即可。

如需新增其他设备，点击“新增”按钮，选择对应类型，完成相关域的参数维护即可。

3. **设备属性修改**

如需修改某个设备属性，到厂站下对应的设备类，选择修改的设备，调整相关域的参数即可。

二、模型管理中心图形维护

模型管理中心图形维护通过图形编辑工具新绘制或修改图形，具体步骤如下：

• 通过浏览器工具栏–窗口操作–新建图形编辑，打开图形编辑器，根据厂站实际接线情况绘制厂站接线图，关联图元数据库属性；

• 点击文件操作–保存，在保存界面定义图形名称、类型和关联厂站，见图15–4。

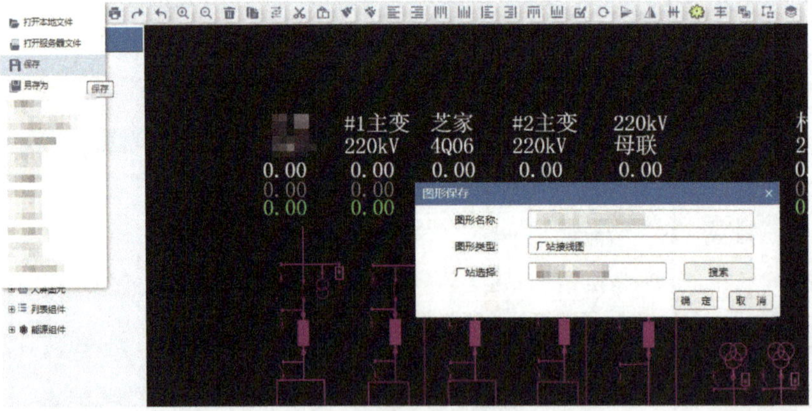

图15–4　图形保存界面

三、模型同步

模型同步主要包括两个方面的配置：一是在模型订阅管理模块完成实时

监控中心与模型管理中心表域映射关系的配置；二是在实时监控中心Ⅰ区完成需要同步的表域配置。

1. **模型订阅管理**

登录模型配置页面，完成实时监控中心与模型管理中心的表域配置及厂站订阅配置（见图15-5）。

表域同步配置：该界面可以进行模型表域同步配置，左侧配置同步实时监控中心的表，右侧为对应模型管理中心的表。

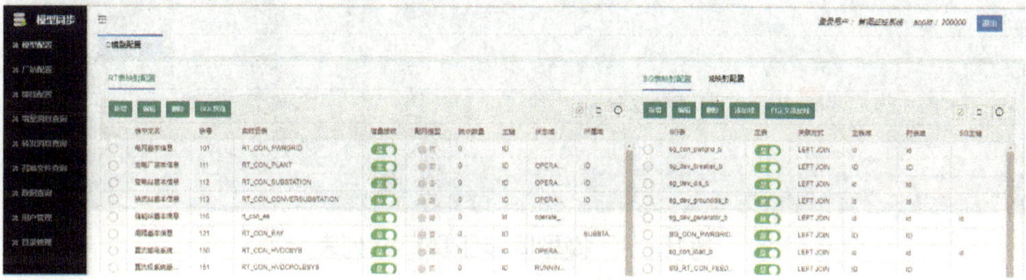

图15-5 模型同步配置界面

订阅厂站配置：由于省、地实时监控中心所需要的厂站模型不同，可以在配置界面筛选所需要的厂站，如图15-6所示。

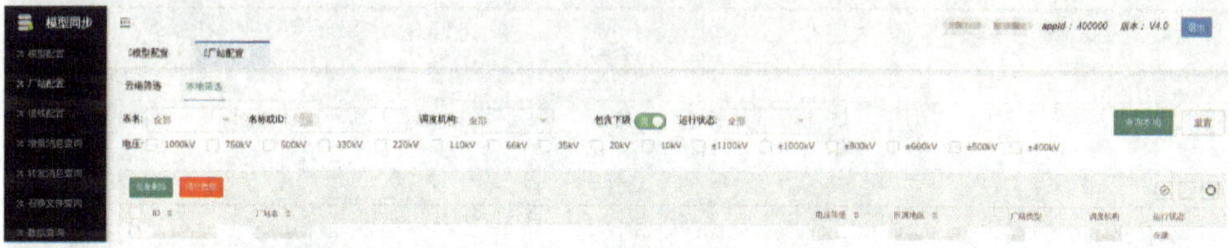

图15-6 模型同步界面

2. **实时监控中心模型同步配置**

通过云桌面的模型同步工具（见图15-7），进行表域配置。

新增表配置：输入表英文名、顺序号、最大删除数目等信息，勾选“是否比较”选项。

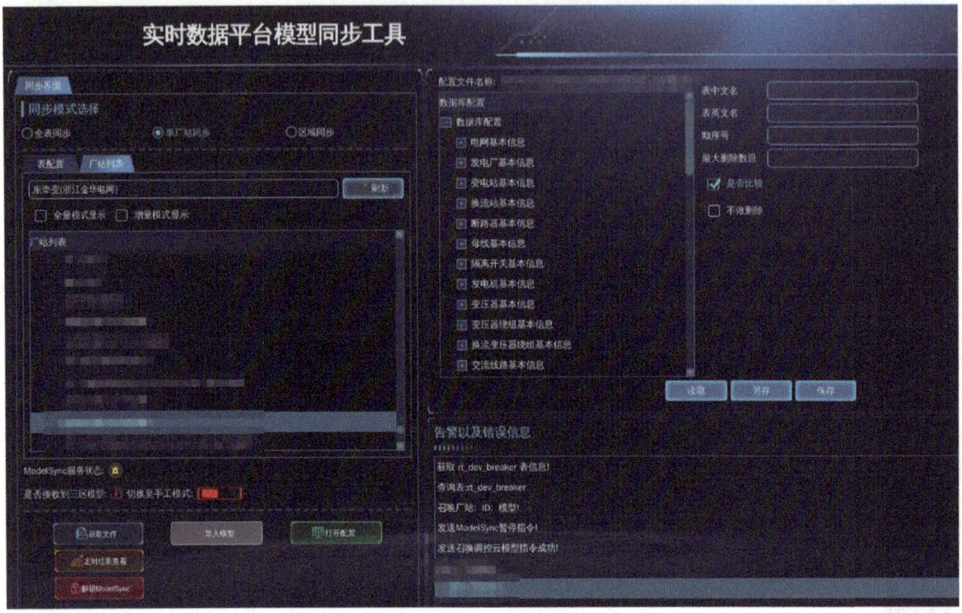

图15-7　模型同步工具厂站列表

域同步配置：对相应的表配置需要同步的域，输入域中文名、域英文名，勾选“是否插入”“是否比较”两个选项，界面如图15-8所示。

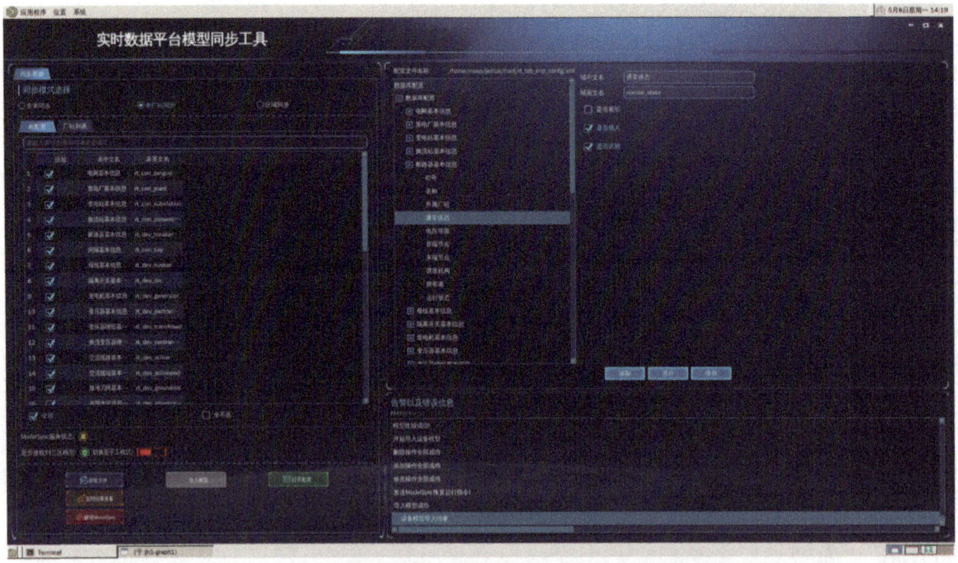

图15-8　模型同步工具表配置界面

3. 模型导入

通过云桌面的模型同步工具，通过全表同步或单厂站同步的方式，进行模型召唤操作。模型同步工具界面如图15-9所示。

全表同步模式为召唤系统该表所有模型，通常在表中新增字段或某个字段内容变化较大时使用。

单厂站同步模式为选择某一个或多个厂站进行召唤，通常用于新增厂站或某厂站模型变化时使用。

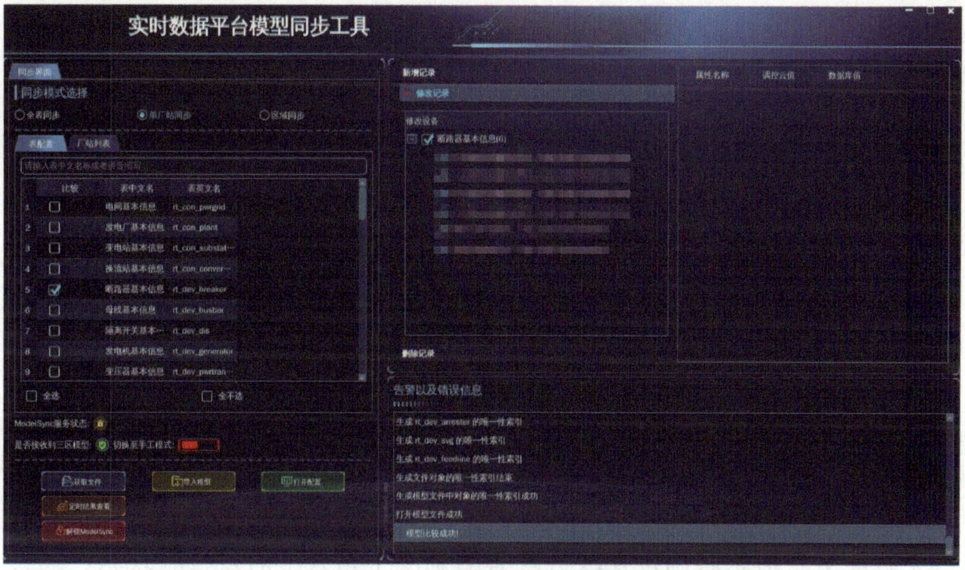

图15-9　模型同步工具界面

四、图形导入

通过云桌面或者指令（graph_verify_client_exe -pz）打开图形同步工具界面，完成实时监控中心厂站接线图的校验及更新操作。图形导入前需确保厂站图形对应关系表中已经记录了相应的厂站信息。

五、私有图层维护

实时监控中心图形浏览器具备“组合图模式”功能，在一次接线图的基础上可叠加私有图层，在私有图层上可编辑光字牌信息、统计列表等，从而提供更为丰富和详细的图形展示信息。

六、信息点表维护

在完成一次设备图模维护及同步工作后，需要进行三遥信息的接入配置，主要包括前置通道配置、三遥信息定义、告警定义等参数配置。

七、其他模块维护工作

在厂站模型、图形、信息点表得到妥善维护之后，还需进行该厂站公式定义、采样定义、责任区定义等工作。

第二节　智能对点信息联调

智能对点信息联调旨在改进现有的调度主站人工对点核验现状，通过引入自动联调技术，将信息联调工作向自动核对、持续进行、数据可溯、结果准确的模式转变，从而大幅提高联调效率，这一转变体现了自动化、智能化、数字化的优势。

一、联调架构

智能自动联调的设备组成如图15-10所示，主要由调度主站工作站、自动联调装置、子站端智能联调装置、数据通信网关机等组成。

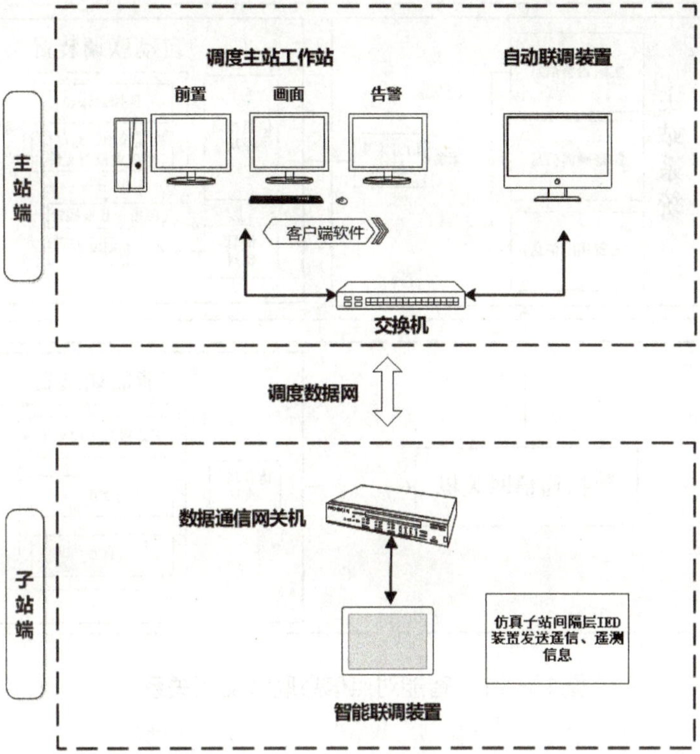

图15-10 智能对点信息联调交互关系

二、原理及功能描述

通过对电力字库模型自动训练、文字识别、电力SCADA图像识别、鼠标轨迹智能构建等技术进行融合，实现了主站端对点信号和调度画面信息的自动识别、分析处理验证，具备图形画面一致性校核、实时告警窗信号校核、电力图形画面信号校核、前置多通道同步校核、对点溯源及人工复验、智能辅助分析、自动生成联调对点报告等功能。智能对点信息联调涉及主站、子站等环节，交互关系如图15-11所示，在调控主站新增信息自动联调装置，部署于生产控制大区Ⅰ区。

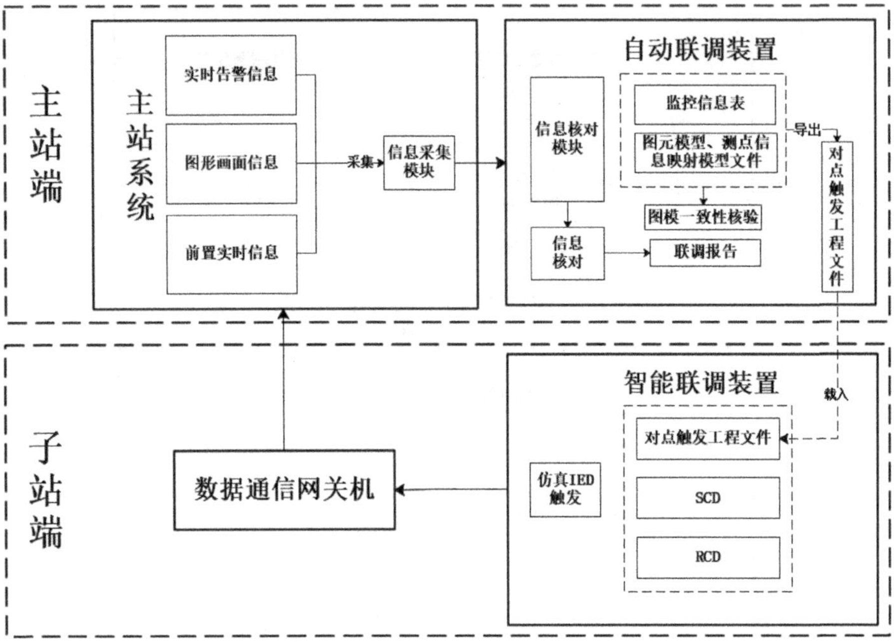

图15-11　智能对点信息联调交互关系

1. 图形画面一致性校核

在进行联调对点之前，系统将首先对目标变电站的调度图形画面进行关联工程的一致性校验，包括变电站图形画面按钮关联检查、遥信遥测关联重复性检查、测点关联所属间隔错位检查等，旨在提前发现可能存在的厂站、间隔关联错误等问题。

2. 实时告警窗信号校核

针对不同版本调度主站系统的实时告警窗特性，系统将对告警窗内容进行自适应识别处理，完成对点信号的验证及记录，并根据字体颜色自动识别告警类型，判别告警分层是否正确。

3. 电力图形画面信号校核

通过实时规划路径智能算法，系统能够自动按键跳转电力接线图及间隔分图画面。调用电力图形画面识别引擎，实现对接线图画面中测点信息的验收，包括遥测数据、遥信变位、图元颜色、光字闪烁等。

4. 前置多通道同步校核

系统能够根据前置多通道数据页面样式进行定制化识别，实现对目标变电站多个通道的数据同步识别及验收，这一过程确保了多通道数据的一致性，并且可以在前置实时显示界面中自动控制翻页。

5. 对点溯源及人工复验

系统对每个测点的信号提供全过程的可追溯性，允许用户查看信号触发时刻的调度告警窗、图形画面以及前置数据界面的信号状态。同时，便于人工参与抽样核验、复验。

6. 智能辅助分析

系统能够利用记录的日志文件智能分析联调对点结果，对未通过的原因进行归纳总结，从而提高联调对点效率。

7. 自动生成联调对点报告

在联调对点完成后，系统会自动生成并导出联调对点报告。

三、自动联调步骤

信息自动联调步骤如图15-12所示，主要包括以下六个步骤：

• 子站完成数据通信网关机站内信息的核对；

• 主站完成主站系统画面与数据库的关联校验；

• 主站完成信息自动联调装置配置，根据联调策略生成对点触发工程文件；

• 子站完成智能联调装置配置，载入SCD（全站系统配置文件）、RCD（远动配置描述文件）、对点触发工程文件等工程文件；

• 开展主子站之间的交互信息自动联调，由子站智能联调装置根据对点触发工程文件触发远动数据上传，主站信息自动联调装置完成主站信息监控画面、实时告警窗、前置实时信息等的自动核对；

• 联调结束后，主站信息自动联调装置生成联调报告。

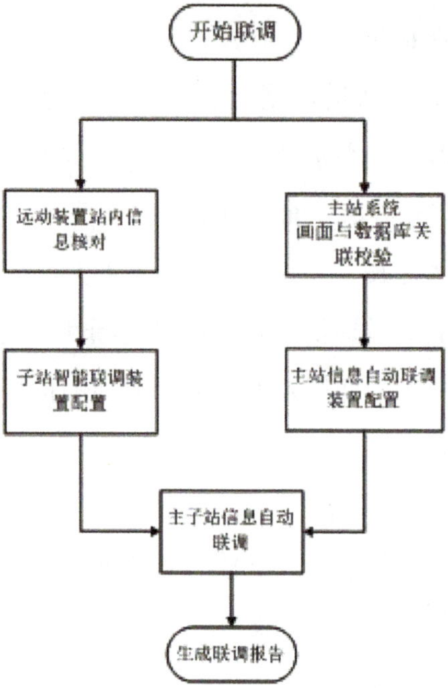

图15-12　信息自动联调流程

第三节　智能运维运行监视

一体化运行监视系统通过标准化数据采集系统软硬件运行状态数据，在配置管理的基础上，通过数据可视化、多维数据关联等方法来实现基础硬件、网络通信、平台组件以及应用软件等监视告警。通过一体化运行监视功能，为现场系统运维人员快速掌握系统运行概况提供了强有力的支持。

一、一体化运行监视首页

一体化运行监视首页主要展示系统的关键告警、数据库、基础资源等信息，见图15-13。

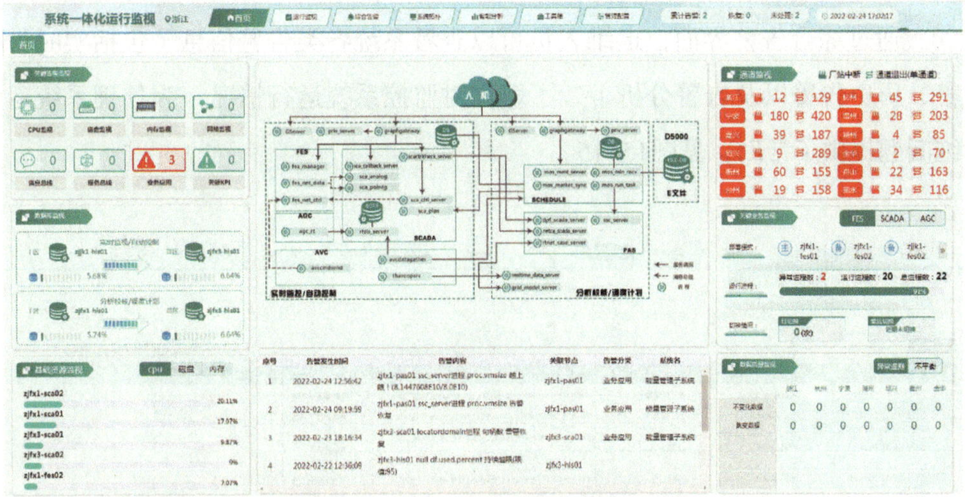

图15-13　一体化运行监视首页

二、运行监视

通过运行监视界面，运维人员可以直观地看到服务器、数据库、重要进程、重要服务及应用的运行情况。以数据库监视为例，见图15-14。

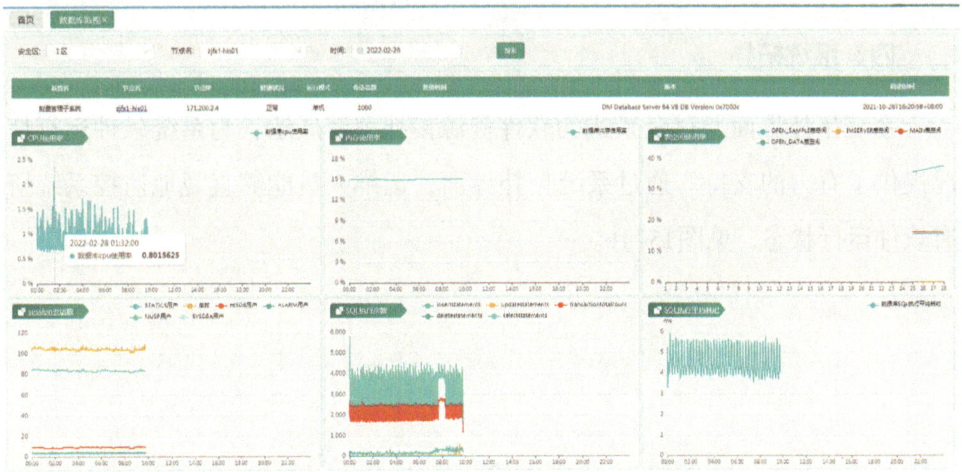

图15-14　运行监视数据库监视界面

三、综合告警

通过综合告警界面，运维人员可以查看系统各类告警信息（包括实时告警、历史告警以及告警分析），了解实时监控系统运行情况，为处理系统运维问题提供了帮助，见图15-15。

图15-15　实时告警

四、系统拓扑

系统拓扑界面通过全景式的软件资源拓扑关系展示，为系统软件运行情况提供了有力的支持。通过系统拓扑界面，运维人员能够直观地监控系统所有软件运行状态，见图15-16。

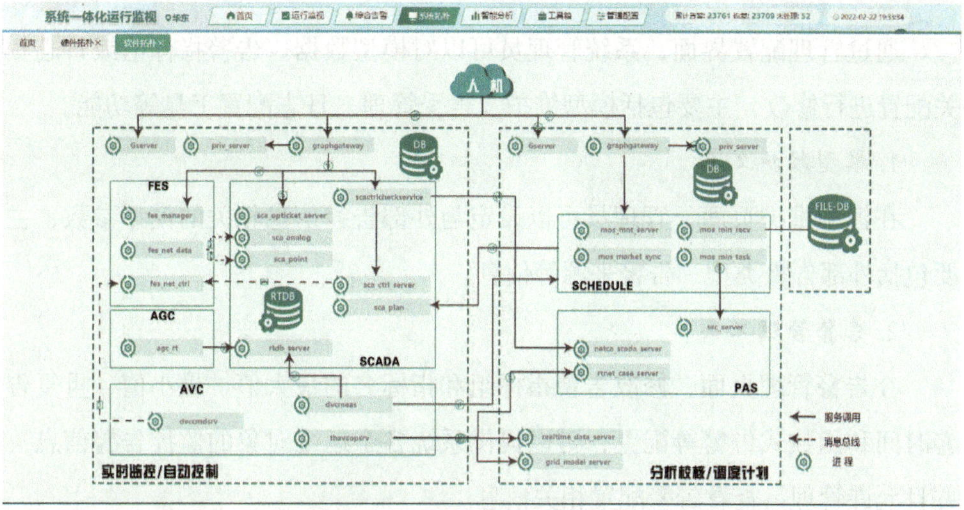

图15-16 软件拓扑

五、运维工具箱

通过运维工具箱，运维人员能够更加便捷地对系统开展运维工作，包括系统巡检、系统参数检查、软件版本校验等功能，见图15-17。

图15-17 系统运维界面

六、管理配置

通过管理配置界面，系统管理员可以对模型数据、告警指标值或日志相关配置进行修改，主要包括模型维护、告警管理、日志配置工具等功能。

1. 模型维护工具

在模型维护页面，管理员可以设定与外部告警信息相关的模型参数，主要包括外部告警类型、告警来源等信息。

2. 告警管理工具

在告警管理页面，修改告警指标组和指标名的最大值、最小值、重复告警时间和函数式告警等配置，可以提供系统各个运维对象的监控告警信息，并且允许管理员查看告警配置相关信息。

3. 日志配置工具

在日志配置工具页面，管理员可以对日志格式、日志数据来源、日志查询工具中的各个页面进行配置和管理。

第十六章 平台运维

本章将介绍新一代系统平台运维的相关内容，结合工程运维工作对各类平台功能的进程信息、文件配置以及故障排查的方法进行说明，旨在为初次使用新一代系统的人员以及系统运维人员提供平台运维速查手册，希望对新一代系统使用者有所帮助。

第一节　系统基础运维

为了便于日常运维过程中处理系统问题，新一代系统拥有一套完整的、系统的应用管理命令，包括系统启停、应用启停、应用主备机切换、实时库下装及系统关键进程的查看方法等。

一、系统启停

1. 命令停应用

• 登录服务器，确认该机器应用可以停止后，使用命令为：

scn_ctl stop

• 如果是停止单个应用，则使用命令为：

stop_subscn subscn_name –scn scn_name –scn_inst XXX –subscn_inst XXX

例如，停止public应用：

stop_subscn public –scn realtime –scn_inst 1 –subscn_inst 1

• 参数说明：

subscn_name，应用名称。

scn_name，场景名称。

scn_inst，场景实例。

subscn_inst，子场景实例。

2. 命令启应用

• 使用命令为：

scn_ctl start down（通过下装模式启动应用，也可用参数fast快速启动）

• 如果启动单个应用，则使用命令为：

start_subscn subscn_name fast/down -scn scn_name -scn_inst XXX -subscn_inst XXX

例如，停止public应用：

start_subscn public down -scn realtime -scn_inst 1 -subscn_inst 1

• 参数说明：

subscn_name，应用名称。

scn_name，场景名称。

scn_inst，场景实例。

subscn_inst，子场景实例。

二、应用切换

1. 命令切换应用

• 使用命令为：

scnswitch node_name scn_inst subscn_id subscn_inst subscn_status

例如，将scada服务器zjjk1-sca01的public应用有备切换为主机：

scnswitch zjjk1-sca01 1 1 1600000 1 3

• 参数说明：

node_name，节点名称。

scn_inst，场景实例。

subscn_id，应用id号。

subscn_inst，子场景实例。

subscn_status，2-备机；3-主机。

2. 界面切换应用

通过sys_adm系统管理界面，实现应用的主备切换，如图16-1所示。

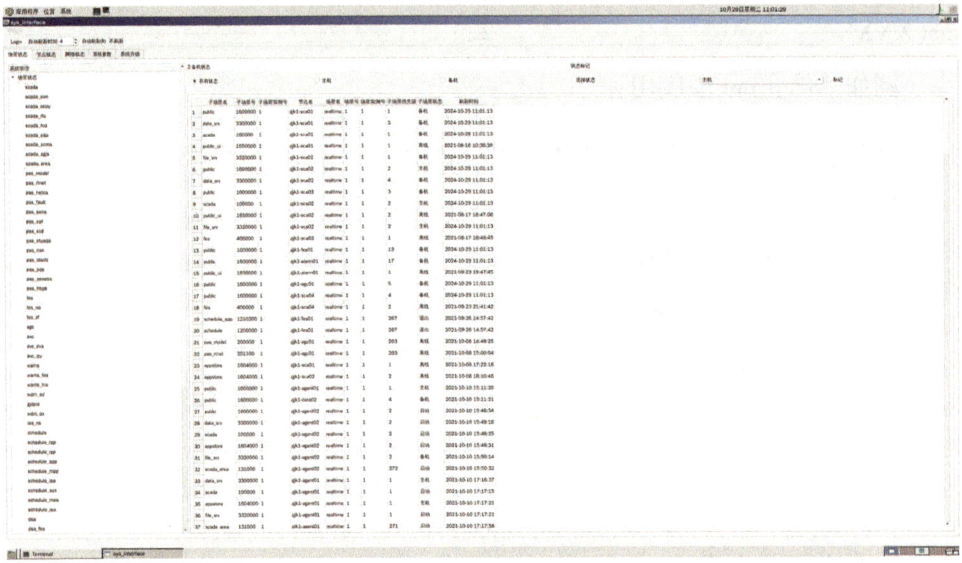

图16-1　系统管理界面

三、实时库下装

1. scada应用实时库下装

down_load -scn <scenario_name> -scn_inst <scenario_inst> -subscn <sub_scenario_name> -subscn_inst <sub_scenario_inst> [table_no] [-force] [-case <case_id>] [-condition]

参数说明如下所示。

scenario_name：场景名称。

scenario_inst：场景实例。

sub_scenario_name：子场景名称。

sub_scenario_inst：子场景实例。

table_no：表号。

force：强制下装。

condition：按条件下装。

例如：down-load –scn realtime –scn_inst 1 –subscn scada –subscn_inst 1 –all –priv

2. 其他应用实时库下装

down_load –scn <scenario_name> –scn_inst <scenario_inst> –subscn <sub_scenario_name> –subscn_inst <sub_scenario_inst> [table_no] [–force] [–case <case_id>] [–condition]

参数说明如下所示。

scenario_name：场景名称。

scenario_inst：场景实例。

sub_scenario_name：子场景名称。

sub_scenario_inst：子场景实例。

table_no：表号。

force：强制下装。

condition：按条件下装。

例如：down-load –scn realtime –scn_inst 1 –subscn public –subscn_inst 1 –all –priv

四、关键进程查看

1. 命令查看服务器关键进程

在服务器终端输入seeproc，查看应用状态，如图16–2所示。

```
// zjjk1-graph01:/home/nusp/zhejiang % seeproc

                ---- PROC Shared Memory Monitor (zjjk1-graph01)----
--------------------------------------------------------------------------------------------------------------------------------
 ProcPos    ScnName     ScnLabel     SubScnName     SubScnLabel     ScnId     ScnInst SubScnId     SubScnInst     ProcName     Status
    Critical
--------------------------------------------------------------------------------------------------------------------------------
 0          sys                      base_srv                       15        1       [redacted]   1              initlocator          Offlin
e    P∧$◆
 1          realtime                 public_ui                      1         1       [redacted]   1              sca_dbaccess_server Run
ning    Crucial*
 2          realtime                 public_msgfwd                  1         1       [redacted]   1              msg_fwd_recv         Runnin
g    Crucial*
 3          realtime                 public_msgfwd                  1         1       [redacted]   1              msg_fwd_send_area1_1_1
Running     Crucial*
 4          realtime                 public_ui                      1         1       [redacted]   1              dot_refreshmontool_serv
ice Running     Crucial*
 5          realtime                 public                         1         1       [redacted]   1              rtdb_pub             Runnin
g    Crucial*
 6          realtime                 public                         1         1       [redacted]   1              rtdb_srv             Runnin
g    Crucial*
 7          realtime                 public                         1         1       [redacted]   1              java_scn_server      Runnin
g    Crucial*
 8          sys                      base_srv                       15        1       [redacted]   1              processman           Runnin
g    General
 9          sys                      base_srv                       15        1       [redacted]   1              logd                 Runnin
g    General
 10         sys                      base_srv                       15        1       [redacted]   1              sys_scnserver        Runnin
g    General
 11         sys                      base_srv                       15        1       [redacted]   1              sys_scnmanager       Runnin
g    General
 12         sys                      base_srv                       15        1       [redacted]   1              msgbroker            Runnin
g    General
 13         sys                      base_srv                       15        1       [redacted]   1              sys_processm         Runnin
g    General
 14         sys                      base_srv                       15        1       [redacted]   1              msgtcpsend           Runnin
g    General
```

图16-2　进程状态

2. 系统管理界面查看

通过系统管理工具，可以查看每台服务器的进程情况，如图16-3所示。

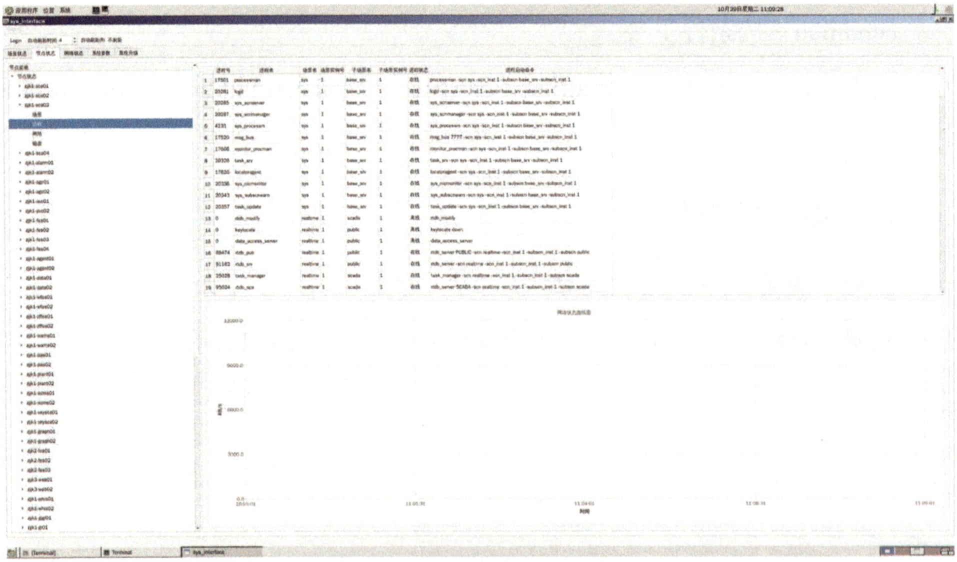

图16-3　系统管理-进程状态

第二节 实时数据同步

一、实时库同步原理

Ⅰ区public_sync通过隔离，将实时数据发送至Ⅲ区，Ⅲ区进行接收、写入，实现Ⅰ区和Ⅲ区的实时数据同步，如图16–4所示。

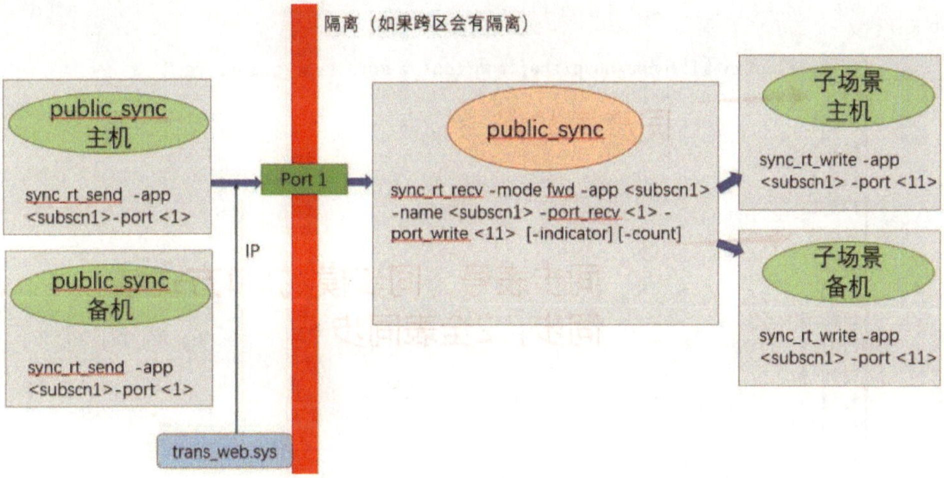

图16-4 同步原理

二、Ⅰ区发送端配置

在能与接收端系统（Ⅲ区）通信的机器上启动sync_rt_send程序，并且在该机器上启动public_sync 1660000 子场景。

1. 配置文件

~/conf/trans_xxx.sys

（xxx是sync_rt_send -sys xxx的参数，默认为web，填入两个可联通的Ⅲ区机器的虚拟ip），如图16-5所示。

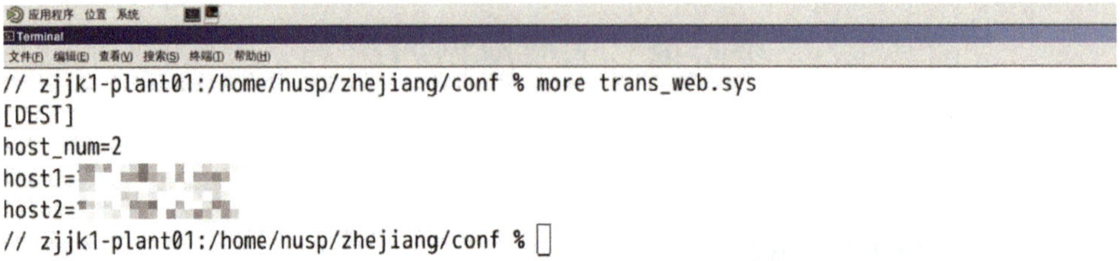

图16-5 同步地址配置文件示例

~/conf/sync_xxx.sys（xxx是应用名，小写），如图16-6所示。

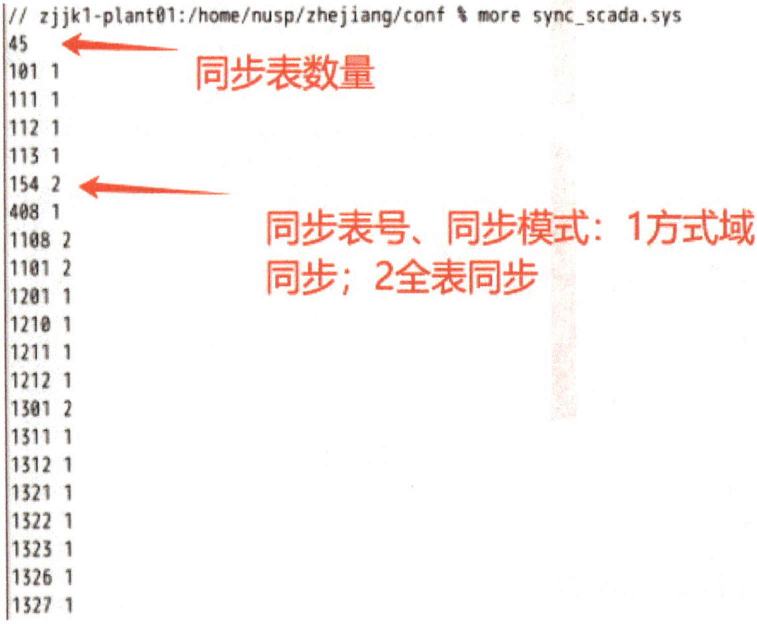

图16-6 应用同步表示例

2. 相关进程

启动：sync_rt_send -app <应用名> -port <发送端口号>

如图16-7所示。

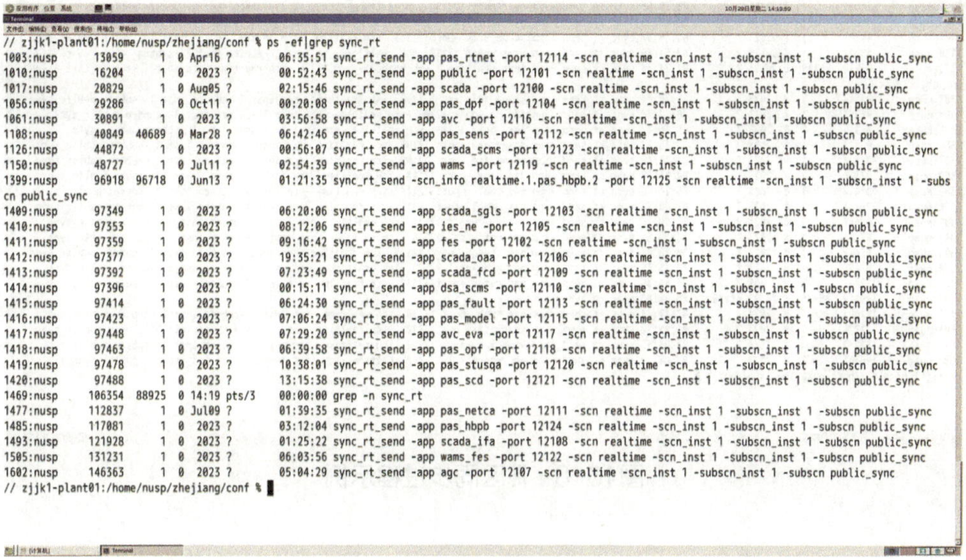

图16-7 Ⅰ区同步进程示例

三、Ⅲ区接收端配置

在能与发送端系统（Ⅰ区）通信的机器上启动sync_rt_recv程序，在应用主备机上启动sync_rt_write。

Public_sync主备机上启动：

sync_rt_recv -mode fwd -app <子场景名> -name <应用名> -port_recv <发送端口号> -port_write <写入端口号>

同步应用主备机上启动：

sync_rt_write -app <子场景名> -port <写入端口号>

如图16-8所示。

```
// zjjk1-plant01:/home/nusp/zhejiang/conf % ps -ef|grep sync_rt
999:nusp      13059      1  0 Apr16 ?        06:35:51 sync_rt_send -app pas_rtnet -port 12114 -scn realtime -scn_inst 1 -subscn_inst 1 -subscn public_sync
1005:nusp     16204      1  0  2023 ?        00:52:43 sync_rt_send -app public -port 12101 -scn realtime -scn_inst 1 -subscn_inst 1 -subscn public_sync
1012:nusp     20829      1  0 Aug05 ?        02:15:46 sync_rt_send -app scada -port 12100 -scn realtime -scn_inst 1 -subscn_inst 1 -subscn public_sync
1046:nusp     29286      1  0 Oct11 ?        00:20:08 sync_rt_send -app pas_dpf -port 12104 -scn realtime -scn_inst 1 -subscn_inst 1 -subscn public_sync
1049:nusp     30891      1  0  2023 ?        03:56:58 sync_rt_send -app avc -port 12116 -scn realtime -scn_inst 1 -subscn_inst 1 -subscn public_sync
1089:nusp     40849  40689  0 Mar28 ?        06:42:46 sync_rt_send -app pas_sens -port 12112 -scn realtime -scn_inst 1 -subscn_inst 1 -subscn public_sync
1107:nusp     44872      1  0  2023 ?        00:56:07 sync_rt_send -app scada_scms -port 12123 -scn realtime -scn_inst 1 -subscn_inst 1 -subscn public_sync
1130:nusp     48727      1  0 Jul11 ?        02:54:39 sync_rt_send -app wams -port 12119 -scn realtime -scn_inst 1 -subscn_inst 1 -subscn public_sync
1373:nusp     96918  96718  0 Jun13 ?        01:21:35 sync_rt_send -scn_info realtime.1.pas_hbpb.2 -port 12125 -scn realtime -scn_inst 1 -subscn_inst 1 -subs
cn public_sync
1383:nusp     97349      1  0  2023 ?        06:20:06 sync_rt_send -app scada_sgls -port 12103 -scn realtime -scn_inst 1 -subscn_inst 1 -subscn public_sync
1384:nusp     97353      1  0  2023 ?        08:12:06 sync_rt_send -app ies_ne -port 12105 -scn realtime -scn_inst 1 -subscn_inst 1 -subscn public_sync
1385:nusp     97359      1  0  2023 ?        09:16:42 sync_rt_send -app fes -port 12102 -scn realtime -scn_inst 1 -subscn_inst 1 -subscn public_sync
1386:nusp     97377      1  0  2023 ?        19:35:21 sync_rt_send -app scada_oaa -port 12106 -scn realtime -scn_inst 1 -subscn_inst 1 -subscn public_sync
1387:nusp     97392      1  0  2023 ?        07:23:49 sync_rt_send -app scada_fcd -port 12109 -scn realtime -scn_inst 1 -subscn_inst 1 -subscn public_sync
1388:nusp     97396      1  0  2023 ?        00:15:11 sync_rt_send -app dsa_scms -port 12110 -scn realtime -scn_inst 1 -subscn_inst 1 -subscn public_sync
1389:nusp     97414      1  0  2023 ?        06:24:30 sync_rt_send -app pas_fault -port 12113 -scn realtime -scn_inst 1 -subscn_inst 1 -subscn public_sync
1390:nusp     97423      1  0  2023 ?        07:06:24 sync_rt_send -app pas_model -port 12115 -scn realtime -scn_inst 1 -subscn_inst 1 -subscn public_sync
1391:nusp     97448      1  0  2023 ?        07:29:20 sync_rt_send -app avc_eva -port 12117 -scn realtime -scn_inst 1 -subscn_inst 1 -subscn public_sync
1392:nusp     97463      1  0  2023 ?        06:39:58 sync_rt_send -app pas_opf -port 12118 -scn realtime -scn_inst 1 -subscn_inst 1 -subscn public_sync
1393:nusp     97478      1  0  2023 ?        10:38:01 sync_rt_send -app pas_stusqa -port 12120 -scn realtime -scn_inst 1 -subscn_inst 1 -subscn public_sync
1394:nusp     97488      1  0  2023 ?        13:15:38 sync_rt_send -app pas_scd -port 12121 -scn realtime -scn_inst 1 -subscn_inst 1 -subscn public_sync
1461:nusp    112837      1  0 Jul09 ?        01:39:35 sync_rt_send -app pas_netca -port 12111 -scn realtime -scn_inst 1 -subscn_inst 1 -subscn public_sync
1484:nusp    116410  88925  0 14:21 pts/3    00:00:00 grep -n sync_rt
1495:nusp    117081      1  0  2023 ?        03:12:04 sync_rt_send -app pas_hbpb -port 12124 -scn realtime -scn_inst 1 -subscn_inst 1 -subscn public_sync
1503:nusp    121928      1  0  2023 ?        01:25:22 sync_rt_send -app scada_ifa -port 12108 -scn realtime -scn_inst 1 -subscn_inst 1 -subscn public_sync
1511:nusp    131231      1  0  2023 ?        06:03:56 sync_rt_send -app wams_fes -port 12122 -scn realtime -scn_inst 1 -subscn_inst 1 -subscn public_sync
1607:nusp    146363      1  0  2023 ?        05:04:29 sync_rt_send -app agc -port 12107 -scn realtime -scn_inst 1 -subscn_inst 1 -subscn public_sync
// zjjk1-plant01:/home/nusp/zhejiang/conf %
```

图16-8 Ⅲ区同步进程示例

四、故障处理

1. 数据都不同步

当Ⅰ区和Ⅲ区的实时数据都不同步时，检查程序、隔离是否正常。

检查程序：

检查应用的Ⅰ区和Ⅲ区的同步程序是否在线，使用Linux指令ps –ef | grep sync_rt查看进程是否在线。

检查隔离：

检查应用使用的端口是否正常，在Ⅰ区使用telnet ip XXX；ip为隔离映射到Ⅰ区的地址，XXX为实时库同步使用的端口。

2. 部分数据不同步

当Ⅰ区和Ⅲ区部分表数据不同步时，检查配置文件是否正常。

如果Ⅰ区配置文件sync_xxx.sys里使用模式1（按域同步），那么运行在Ⅰ区（启动sync_rt_send的）机器的检测工具为：

~/bin/test_GetTableSyncData

查看打印是否报错，在打印的同步的域名里，如果没找到数据不同步的域，那么就是Ⅰ区的域信息表里没有配置该域的“域特俗属性”为“方式”。

第三节 数据库运维

一、数据库监视

主备数据守护集群分为主库和备库，主库可以进行数据的读和写，备库仅能进行数据的读，因此，确认数据库的状态，可以方便地进行日常的运维操作。

数据库状态分为主库打开、备库打开、主库挂起、备库挂起四种，其中，主库打开和备库打开能够对外提供数据库服务。

1. 通过isql连接数据进行判断

在安装达梦客户端的服务器上使用isql 账户/密码@mdb，正常可以登录数据库，并进行sql查询操作，如图16-9所示。

```
// zjjk1-data01:/home/nusp/zhejiang % [redacted]

Server[[redacted]]:mode is primary, state is open
login used time : 8.043(ms)
last login ip        : ::ffff:[redacted]
last login time      : 2023-12-12 13:09:19
login failed times   : 0
Whether password is expired : Not expired
disql V8
SQL> quit
// zjjk1-data01:/home/nusp/zhejiang % [redacted]

Server[[redacted]]:mode is standby, state is open
login used time : 3.367(ms)
last login ip        : ::ffff:[redacted]
last login time      : 2023-12-12 13:09:19
login failed times   : 0
Whether password is expired : Not expired
disql V8
SQL> █
```

图16-9 客户端登录示意

2. get_master_db命令查看

在data_srv服务器上使用命令get_master_db，查看当前的数据库状态，PRIMARY为主库，STANDBY为备库，如图16-10所示。

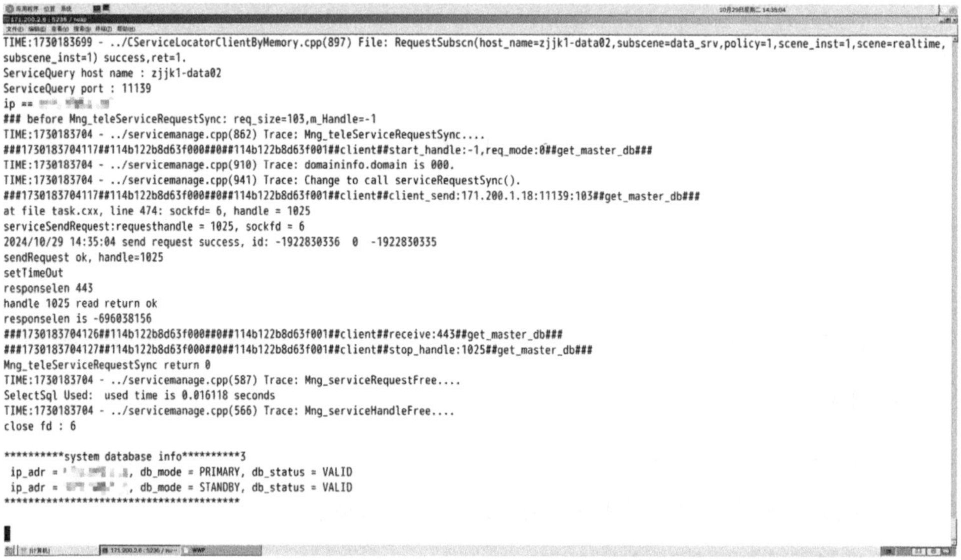

图16-10　数据库主备状态

3. HA查看数据状态

在数据库服务器root用户下，使用crm_mon查看数据库主备节点状态，online表示当前在线节点；Started表示当前数据库主节点，如图16-11所示。

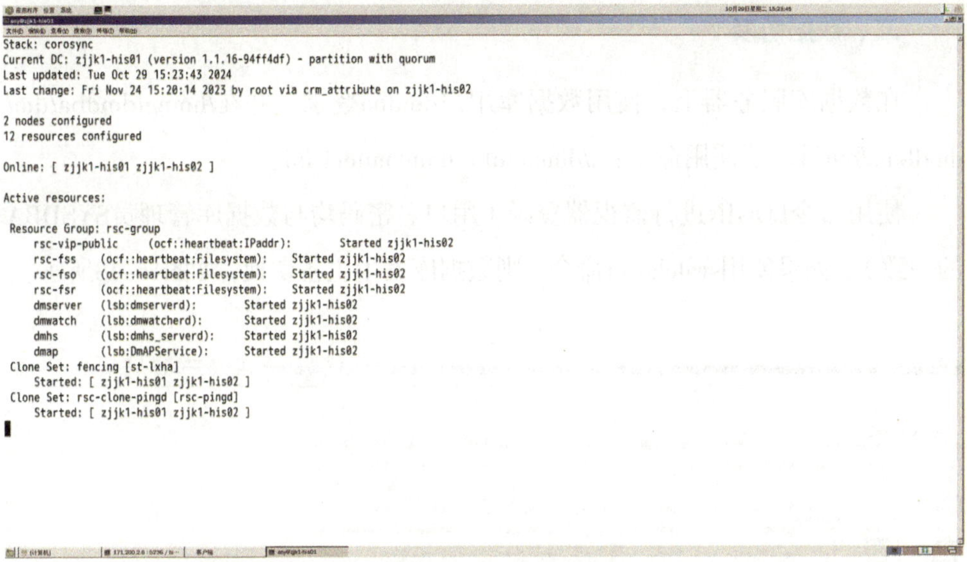

图16-11 HA状态

4. 监视器dmmonitor进行判断

达梦数据库服务器，使用数据库用户dmdba登录，在/home/dmdba/dm/dmdbms/bin目录下执行：./dmmonitor dmmonitor1.ini，并使用show查看当前数据库新系统。图中的INAME为实例名，IMODE为主备状态，PRIMARY为主，STANDBY为备，如图16-12所示。

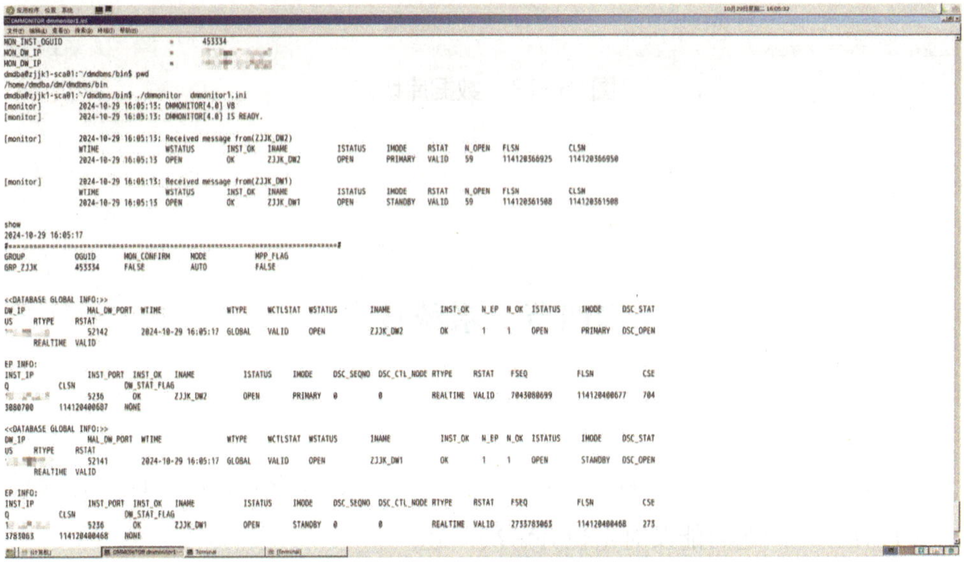

图16-12 达梦数据库监视

二、数据切换

在数据库服务器上，使用数据库用户dmdba登录，并在/home/dmdba/dm/dmdbms/bin目录下使用命令：./dmmonitor dmmonitor1.ini。

使用命令LOGIN进行监视器登录（用户名密码均与数据库管理员SYSDBA的一致），如果使用switchover命令，则数据库发生主备切换，如图16-13所示。

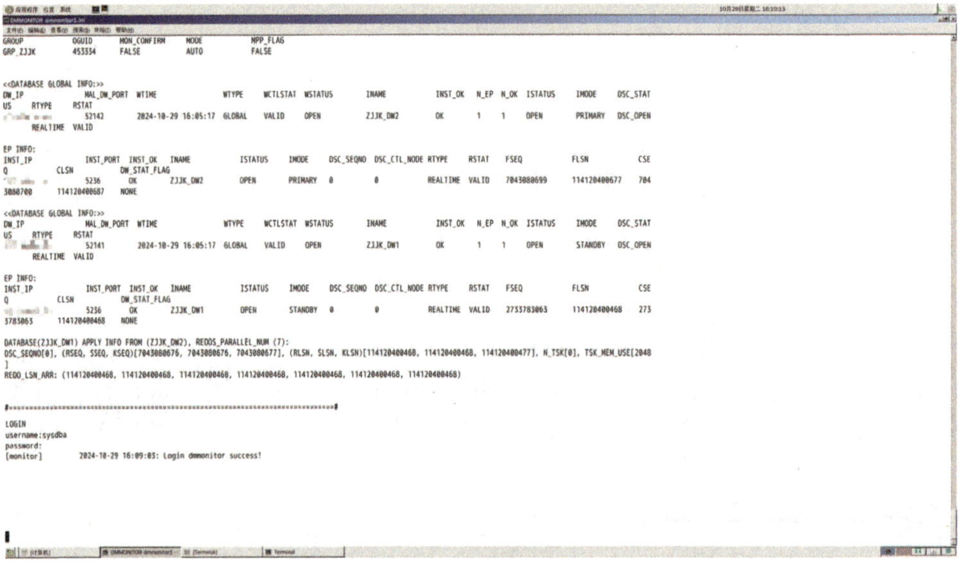

图16-13　数据库切换

第四节　系统日志

系统应用程序在处理数据，包括解析、更新、分析时，都会详细记录日志，以便出现问题时能及时定位并解决问题。

一、下装日志

在data_srv应用主机的~/var/download_server_log目录下，通过查看thread_worker日志文件，可以查看down_load操作的报错，可根据提示处理商用库与实时库表结构不一致、字段类型不一致等问题。

二、模型修改日志

在data_srv应用主机的~/var/model_modify_log目录下，通过查看thread_worker日志文件，可以监控模型提交商用库的sql语句执行情况，同时能够查看sql入库是否成功及入库失败的报错。

三、应用状态日志

任意一台新一代服务器的~/var/log/sys_processm/snapshot.log都会记录服务器的进程状态、应用状态和分片状态；

~/var/log/sys_processm/sys_processm.log记录服务器进程情况；

~/var/log/sys_processm/top_proc_info.log记录服务器进程占用CPU、内存等情况。

四、触发器日志

在data_srv应用主机的~/var/trigger_parser_server_log目录下，通过查看thread_worker日志文件，可以了解触发器启用成功失败情况，以及通过触发器提交的sql情况。

五、计划值日志

在scada应用主机的~/var/log/sca_plan目录下，通过查看sca_plan.log日志文件，可以追踪计划值解析、计划值更新的日志。